MILITALY UNIFORMS OF WORLD WAR II

【図解】第二次大戦 各国軍装

■作画 上田 信
■解説 沼田和人

JN174737

新紀元社

海外ミリタリーイベントで見られる
各国兵士の軍装

欧米などのミリタリーイベントでは、熱烈なミリタリーファンたちによる第二次大戦を再現した展示や戦闘シーンのデモンストレーションなどが広く実施されている。それらには当時の実物や精巧なリプリカが用いられており、参加者たちの軍服＆軍装もかなり本格的だ。各国の軍装を知るのに良い見本といえる。

■写真撮影：沼田和人、本島 治

↑アメリカ陸軍の歩兵と空挺部隊兵士（中央）。歩兵のはいているズボンはウール製のサービス・トラウザース。このズボンは、通常勤務だけでなく野戦用も兼ねていた。
（War & Peace）

←アメリカ陸軍空挺部隊兵士。ユニフォームはM1942空挺ジャケットとトラウザース。フェルトのパッドを付けたサスペンダーの左右にはMk.Ⅱ手榴弾を下げている。
（War & Peace）

→アメリカ陸軍第82空挺師団の衛生兵。左腕には衛生兵を識別する赤十字の腕章を付けている。赤十字の腕章を付けたバッグは、衛生用機材を入れるメディカルバック。
（War & Peace）

←M1A1ロケットランチャーを構える兵士。着用しているのはM1943フィールドジャケット。バズーカとも呼ばれる口径2.36インチ（60mm）の対戦車兵器は、最初のモデルが1942年に採用され、改良型のM1A1は1943年7月から配備された。
（War & Peace）

↑M1919A4機関銃を立ち撃ちするアメリカ陸軍兵士。M1941フィールドジャケットの袖に付く部隊パッチは第26歩兵師団、階級章は上等兵を示す。（War & Peace）

→M1943HBTジャケットとトラウザース姿のアメリカ陸軍兵士（左と中央）はM3短機関銃（グリスガン）、右の兵士はM1A1短機関銃（トンプソン・サブマシンガン）を所持している。（War & Peace）

↓M1943フィールドジャケット姿のアメリカ陸軍空挺部隊兵士。空挺部隊では、M1943トラウザースにカーゴポケットを増設して使用した。黒色のブーツは、編上靴の上から履くことができるオーバーブーツと呼ばれるゴム製防水ブーツ。

↓ M2A1 火炎放射器（点火システムは改造されている）を放射しながら突撃する海兵隊員。左側兵士のM1938カートリッジ・ベルトに装着した水筒カバーは、海兵隊独自のクロスフラップ・タイプ。右側の兵士はM1938カートリッジ・ベルトに海兵隊専用のM1941サスペンダーを使用。ナイフは、Mk.2戦闘ナイフ。

↑海兵隊は陸軍と違う海兵隊用のM1941HBTジャケットとトラウザースを使用した。ヘルメットカバーはダックハンター・パターンと呼ばれる迷彩カバーで、緑と茶系のリバーシブルになっている。

↑M36野戦服姿のドイツ陸軍機関銃手。首から下げているのは、ベルトリンク付き7.92×57mm弾。胸のケースは、びらん性毒ガスを防ぐシート。ベルトには、ルガー P08用のホルスター（右）とMG34/MG42機関銃用の工具ケースを装着している。（War & Peace）

↑防寒用のアノラック上下を着用したドイツ陸軍将校。右の人物はベルトにMP38/MP40短機関銃のマガジンポーチを装着。左側の人物が装備しているのはマップケースである。

↑ドイツ陸軍の戦闘装備。上から、背嚢とM38略帽、機関銃用ベルトリンク、レーション缶、乾電池、MP40短機関銃、双眼鏡とケース、ワルサーP38用ホルスター、ワルサー P38、MP38/MP40用マガジンポーチ、小銃のメンテナンスキットとケース、スコップと銃剣、弾薬盒、Kar98k小銃、装填用クリップ付き7.92×57mm弾、M24柄付手榴弾（左右）。（War & Peace）

ウール生地のオーバーコートに個人野戦装備のドイツ陸軍兵士。装備は上からガスマスクケース、ポンチョ、雑嚢に付けた水筒と飯盒。

↑HBT作業服のドイツ武装親衛隊兵士。HBT生地の服は本来、訓練や作業用に支給されていたが、夏期野戦服としても使用された。襟と袖の階級章は上等兵を示している。（War & Peace）

ツェンダップKS750サイドカーとオートバイ兵。左のオートバイ兵は、ゴム引き生地で作られたモーターサイクルコートを着用している。

↑ドイツ第1SS装甲師団の戦車兵。右の戦車兵は階級が軍曹で下士官制帽を被っている。左の戦車兵の階級は兵長。（War & Peace）

↓MG42機関銃を構える武装親衛隊の兵士。ヘルメットには迷彩カバーを被せ、野戦服の上から迷彩スモックを着用している。機関銃の傍らには、過熱した銃身を交換するための予備銃身を収めた金属製ケースとキャリングケースに入れられた弾薬箱が置かれている。（War & Peace）

↓ドイツ空軍降下猟兵。右からグリーン生地、ウォーターパターン迷彩、スプリンターパターン迷彩の降下スモックを使用している。袖に付く階級章は中尉（右）と軍曹（中央）。（War & Peace）

→トロピカルユニフォームの空軍兵士。カーキコットン・ユニフォームは北アフリカや南イタリアなどで使用された。（War & Peace）

↓リーエンフィールドNo.4Mk.I小銃を構えるイギリス第51師団ミドルセックス連隊の兵士。左の兵士は、ヘルメットに土嚢袋などの麻布を利用して反射防止をしている。右の兵士は、ヘルメットの迷彩ネットの中に、ファーストエイド・キット（パッド付包帯）を携帯している。（War & Peace）

↑ヴィッカース重機関銃陣地とイギリス陸軍兵。皿型のMk.Ⅱヘルメットには、着色した麻布をネットに付けて迷彩を施している。兵士の装備は、P37野戦装備のサスペンダー、ベルト、弾薬ポーチ。右側のポーチ横のバッグはMk.Ⅱライトウェイト・ガスマスク用。（War & Peace）

↑イギリス第51師団第154歩兵旅団第7大隊の将兵。男性隊員のユニフォームは第二次大戦時の代表的なP37バトルドレスとバトルドレス・トラウザース。帽子はタム・オ・シャンタと呼ばれるスコットランド地方伝統の帽子。女性隊員のユニフォームは、ATS（Auxiliary Territorial Service＝補助地方義勇軍）制服と制帽である。

←ステンMk.Ⅴ短機関銃を持つ空挺部隊員。独特な形状の空挺ヘルメットを被り、デニソン・スモックを着用している。腰には、ワイヤーカッターが入ったポーチを装着。（War & Peace）

↓6ポンド対戦車砲を設置するイギリス空挺隊員。マルーン色のベレー帽は空挺部隊の兵科色を意味する。左の隊員のベルトに装着されているのは、P37装備のホルスターとコマンド・ナイフの鞘（ナイフは入れられていない）。（War & Peace）

↑ユニバーサル・キャリアー（ブレンガン・キャリアー）に搭乗するイギリス第1空挺師団の隊員。ユニフォームは北アフリカ、イタリア、インドなどの熱帯地方で使用されたコットン製トロピカルユニフォーム。

←イギリス空軍パイロットと女性隊員。パイロットはNo.1 サービス・ドレスと呼ばれる通常勤務服を着用している。制帽を被った女性隊員のユニフォームは、勤務シャツにカーキドリルと呼ばれる熱帯用トラウザース、ベレー帽姿の隊員は、勤務シャツにブルーの作業ズボンをはいている。（War & Peace）

↓奥の兵士は、独ソ戦緒戦で見られる1934年制定のギムナスチョルカとM1935ヘルメットスタイルのソ連陸軍兵士。後ろ向きの兵士は、リーフパターンの迷彩つなぎを着ている。右から、ガスマスクバッグ、水筒、マップケースを装備している。（War & Peace）

↑詰襟型のギムナスチョルカに略帽を被ったソ連女性兵士。ズボンはティログレイカと呼ばれる綿の入った防寒用キルティングで、同生地の上衣もあった。（War & Peace）

↑ソ連陸軍の1943年制定のユニフォーム、ギムナスチョルカは折襟から詰襟に改修された。それに伴い階級章はエポレット型になった。写真では分かりにくいが、肩に掛けているのはPPSh-41短機関銃。（War & Peace）

↑ソ連軍では、1941年に女性用ユニフォームが制定されたが、独ソ戦が始まったため女性兵士も男性兵士と同じものを使用した。写真の女性が着用しているのは詰襟型のギムナスチョルカ。右腕下に見えるのはベルトに装着した水筒。（War & Peace）

↓T-34-85戦車の横にレインケープを天幕代わりに張った野営風景。ソ連兵たちの手前には、M1940ヘルメット、食器、モシンナガンM1891/30小銃などが置かれている。（War & Peace）

↑ともに詰襟型のギムナスチョルカを着たソ連兵。独ソ開戦時、歩兵はゲートルと編上靴が基本であった。奥の兵士はM1940ヘルメットを被り、ブーツを履いている。（War & Peace）

↑熱帯地方用の防暑衣（昭和13年制定型）を着た日本陸軍歩兵。戦闘帽の上から、鉄帽覆いと迷彩網を被せた九〇式鉄帽を被っている。装備は、帯革に小銃弾用の弾薬盒を装着し、左腕の下に被甲嚢（ガスマスクバッグ）を携行している。右腕下に見えるのは雑嚢。

←昭和13年（1938年）に制定された戦闘帽と九八式軍衣袴姿の陸軍歩兵。帯革には三十年式銃剣を装着している。巻脚絆（ゲートル）は、紐を前で交差させて留める"戦闘巻"という巻き方。小銃は着剣した九九式小銃。

←M1938オーバーコートに野戦装備のフランス陸軍歩兵。コートの襟には連隊番号が入っている。ヘルメットは第一次大戦時に採用されたM1915を改良したM1936ヘルメット。右肩から下げているカーキ色のバッグには、ANP 31ガスマスクを収納している。
（War & Peace）

→兵用の野戦装備のサスペンダー、ベルト、弾薬盒は革製。独特なデザインの水筒は、フェルトでカバーされている。
（War & Peace）

CONTENTS

海外ミリタリーイベントで見られる
各国兵士の軍装......2

第二次大戦の経緯......18
連合軍として戦った国々......19

アメリカ軍......20
陸軍歩兵......21
戦車兵......29
空挺部隊員......32
海兵隊員......35
陸軍航空隊の航空機搭乗員......41
海軍航空隊の航空機搭乗員......43
海軍......44

イギリス軍......46
ヨーロッパ戦線の陸軍兵士......47
北アフリカ戦線の陸軍兵士......49
戦車兵......51
空挺部隊員......53
コマンド部隊......55
イギリス極東方面軍......56
海軍......57
空軍......58

ソ連軍......60
第二次大戦開戦時 1939 ～ 1941 年の歩兵......61
1943 年以降の歩兵......62
戦車兵......64
狙撃兵......67
歩兵科以外の兵士......68

フランス軍 70

1939 ～ 1940 年の陸軍歩兵 71
陸軍アルペン猟兵 74
装甲車両搭乗員 75
外人部隊と植民地軍 77
自由フランス軍　1944 年 79

その他の連合軍 80

カナダ軍 81
オーストラリア軍 82
ニュージーランド軍 82
南アフリカ軍 83
インド軍 83
ポーランド軍 84
ベルギー軍 87
ルクセンブルク軍 87
デンマーク軍 88
オランダ軍 89
ノルウェー軍 90
ギリシャ軍 90
ユーゴスラビア軍 91
パルチザン部隊 92
中華民国国民革命軍 92
中国共産党軍 96

枢軸軍として戦った国々 97

ドイツ軍 98

歩兵 99
陸軍の野戦服 106
作業服 108
冬季防寒服 110
アフリカ軍団 112
戦車兵 115
オートバイ兵 119
迷彩服 121
山岳猟兵 123
狙撃兵 125
戦闘工兵 126
降下猟兵 127
武装親衛隊（野戦服） 129
武装親衛隊の外人部隊 132
空軍 136
海軍 140

日本軍 144

太平洋戦争の陸軍兵士 145
陸軍の防寒装備 147
南方戦線の陸軍兵士 149
落下傘部隊 150
陸軍戦車兵 154
海軍陸戦隊 157
陸海軍特攻隊 160

陸軍航空兵 162
海軍航空兵 164
空母乗員 166

イタリア軍 168

ヨーロッパ戦線の陸軍兵士 169
北アフリカ戦線の陸軍兵士 173
国防義勇軍（MVSN）と植民地軍 175
空挺部隊 177
RSI 海軍デチマ・マス海兵師団 180
南王国軍と RSI 軍 181
車両搭乗員 183

その他の枢軸軍 185

フィンランド軍 186
ルーマニア軍 188
ハンガリー軍 190
スロバキア軍 192
ブルガリア軍 194
ドイツ軍の義勇部隊 195
満洲国軍 198
インド国民軍（INA） 200
中華民国臨時政府軍 201
南京国民政府軍 201

各国のその他の部隊及び装備 202

憲兵隊 203
衛生兵 207
各国の女性兵士 209
軍用自転車 219
各国の野戦用ブーツ 229
各国軍の認識票 230
拳銃用ホルスター 231
スリング 236
パラシュート 238

■ 第二次大戦の勃発

1939年9月1日、ドイツ軍は、ポーランドへの侵攻を開始した。それに対して、英仏政府はポーランドとの相互援助条約によりドイツへ宣戦布告し、第二次大戦が始まった。ポーランドはドイツ軍だけでなく、独ソ不可侵条約を結んでいたソ連の東部進攻（9月17日）により、東西から攻撃を受ける形となって9月27日に降伏した。英仏政府は、この間にポーランドへ軍を派遣することなく、ドイツ国境を挟み対峙するだけで"まやかし戦争（フォニー・ウォー）"といわれる状態が続いた。

1940年4月、ドイツ軍はデンマークとノルウェーに進攻。次いで同年5月にはオランダ、ベルギーを占領し、フランスへの攻撃を開始した。そして6月22日、フランスの降伏によりヨーロッパ西部はドイツ軍の占領下に置かれた。

■ バルカン半島〜ソ連侵攻

次にドイツ軍は、イギリス上陸を計画する。その前哨戦としてイギリス本土への航空機攻撃が1940年7月から開始された。"英国の戦い（バトル・オブ・ブリテン）"と呼ばれたこの航空戦は、イギリス空軍の抵抗によってドイツ空軍は制空権を得ることができず、イギリス上陸作戦は中止された。

その後、イタリア軍を支援するため、ドイツ軍は1941年2月14日に北アフリカ戦線に派兵、4月にはバルカン半島に侵攻し、ギリシャも占領する。そして6月22日、ソ連侵攻"バルバロッサ作戦"を発動し、ついに独ソ戦が始まった。

■ 太平洋戦争開戦

一方、アジア及び極東方面の情勢は、日本がフランスの降服に伴い、中国への補給路を絶つため、1940年9月23日、フランス領インドシナに進駐（北部仏印進駐）。27日には、日独伊三国同盟が締結された。

日中戦争と満州問題から悪化していた日米間の外交関係は、この北部仏印進駐と三国同盟によって、さらに悪化する。日本政府は、アメリカとの交渉を続けながらも米英との開戦を決定し、12月8日、真珠湾攻撃とマレー半島上陸などの軍事作戦を決

行し、太平洋戦争が始まった。

その後、日本軍は香港、シンガポール、フィリピン、インドネシア、ビルマを攻略し、1942年3月までに占領地域を拡大していった。

■ 連合軍の反攻

勝利を続けていた日本軍は、1942年6月のミッドウェー海戦、ガダルカナル島の戦い（1942年8月〜1943年2月）において敗北する。このアメリカ軍の勝利は、以後の太平洋戦線における戦局の転換に大きな影響を与えることになった。

ヨーロッパにおいても、太平洋戦争の始まる3日前、モスクワを目前にしてドイツ

（中央に大きな文字）

第二次大戦の
経緯

軍の攻撃は頓挫し、東部戦線におけるソ連軍の反撃が始まろうとしていた。

1942年11月には、北アフリカに連合軍が上陸、東部戦線のスターリングラードでは、ドイツ軍第6軍がソ連軍に包囲されるなどの動きがあった。

連合軍の反攻に対してドイツ軍は、各戦線で攻勢をかけるが、部分的な勝利に留まっていた。イタリア戦線では、1943年7月、連合軍のシシリー島上陸を皮切りにイタリア本土上陸、そしてイタリアの降伏（9月）へと続き、一方、東部戦線では、ソ連軍の大規模な反攻作戦が開始されたことにより、以降、ドイツ軍は防戦と後退を繰

り返していくことになる。

■ 1944〜1945年

連合軍は、1944年6月6日にノルマンディー上陸作戦を実行。激闘の後、8月にパリを解放すると、連合軍は年末までにフランス、ベルギー、オランダの一部を解放していった。

また、太平洋戦線においても大規模な上陸作戦が行われ、アメリカ軍は6月15日、マリアナ諸島のサイパン島などに上陸（7月陥落）した。同島を占領したアメリカ軍は飛行場を整備して、B-29爆撃機による日本本土攻撃を本格的に開始していく。

■ そして終戦へ

ソ連軍の攻撃にドイツ軍は後退を続け、ソ連軍は自国の領土を奪回するだけでなく、1945年の2月までにハンガリー、ブルガリア、ユーゴスラビア、ポーランドなどを次々と解放し、一部の部隊はドイツ領土内にまで進攻した。

西部戦線の連合軍も3月、ライン川を渡河してドイツ領土内に入り、西部と南部を占領しながらベルリンを目指して進撃を続けた。

ベルリンへの攻撃はソ連軍が担当することとなり、4月16日に攻撃が始まる。ソ連軍は27日までにベルリンを包囲し、ドイツ軍は市街戦で抵抗を続けたが、4月30日、ヒトラーの自決で、ついにベルリンが陥落する。5月8日、ドイツの降伏によりヨーロッパの戦いは終わりを告げた。

太平洋戦線では、アメリカ軍のフィリピン上陸（1944年10月〜1945年8月）、硫黄島の戦い（2〜3月）、沖縄戦（4〜6月）と激戦が続き、日本軍は持久戦と特攻作戦で抵抗を続けていた。しかし、3月から始まった日本本土への無差別爆撃と広島、長崎（8月6日、同月9日）への原爆投下、ソ連の対日戦参戦（8月9日）により、日本政府は8月14日、連合国のポツダム宣言を受諾。休戦後の9月2日、降伏文書に調印し、第二次大戦は終結したのである。

連合軍として戦った国々

1939年9月1日、ドイツのポーランド侵攻に対し、イギリスとフランスはドイツに対して宣戦布告を行う。開戦時にはアメリカはまだ参戦しておらず、同国は1935年に成立した中立法に則って中立の立場を保っていた。しかし、第二次大戦の開戦、さらに極東方面における日本の脅威も高まりつつあったことから、アメリカはイギリスの要請を受けて中立法を改正、英ソ中に武器貸与などの支援を実施する。そして1941年12月8日の日本軍の真珠湾攻撃によりアメリカは本格的に参戦し、連合軍のリーダー的役割を果たしていくことになる。

◉ 第二次大戦勃発とアメリカの支援

1939年9月1日、ドイツ軍のポーランド侵攻に始まった第二次大戦は、翌年の6月までにノルウェー、デンマーク、オランダ、ベルギー、フランスが次々とドイツに敗北し、それらの国々はドイツ占領下に置かれていった。

第二次大戦前、アメリカはヨーロッパの情勢に対し、中立の立場を保っていた。イギリスは、ドイツ軍のポーランド侵攻直後にアメリカの戦力と工業力を必要とし、同国に参戦を求める。しかし、アメリカには中立法があり、なおかつ国内世論もヨーロッパの戦争への参加には反対的な意見が多かった。

そこで、米大統領フランクリン・ルーズベルトは直接介入ではなく、物資の支援を行うこととした。まず、1939年に中立法の改正（交戦国への武器輸出禁止などの撤廃）に始まり、フランス降服後の1940年9月には、アメリカは第一次大戦時の旧型駆逐艦50隻をイギリスとカナダに供与、その見返りにイギリス国内の軍用基地の一部使用権を認める"駆逐艦・基地協定"を締結した。

さらに1941年3月11日、"レンドリース法（武器貸与法）"を成立させ、アメリカは本格的にイギリス及びイギリス連邦国への援助（後に中国と独ソ開戦後のソ連にも適用）に乗り出した。レンドリース法は、無償、有償、譲渡、貸与、賃貸などの方法により、アメリカが軍需物資と民需品を供給するものだった。援助された軍需物資は、航空機（戦闘機、輸送機、爆撃機）、車両（戦車、装甲車、トラック）、船舶（護衛空母、上陸用舟艇、輸送船）から糧食、衣類など

に及び、終戦まで続けられた。

◉ 大西洋憲章の締結

アメリカが支援を始めてから5カ月後の8月9日、ルーズベルト大統領とイギリス首相ウィンストン・チャーチルは、カナダのニューファウンドランド島プラセンシア湾の英戦艦プリンス・オブ・ウェールズ及び米重巡洋艦オーガスタの艦上で、大西洋会談を開催して大西洋憲章を締結する。その内容は、領土不拡大、平和の確立、安全保障のシステムが確立されるまでの侵略国の武装解除などの8項目からなり、戦後、世界平和の維持、安全保障、経済の安定などに各国が協力することを呼びかけたものだった。この大西洋憲章は、後に国際連合の設立につながる国際協調の基本構想をも示していた。

1941年9月24日、フランス、ベルギー、チェコスロバキア、ギリシャ、ルクセンブルク、オランダ、ノルウェー、ポーランド、ユーゴスラビアなどの亡命政府とソ連政府は、大西洋憲章の支持を表明。これら政府が連合国となっていく。

◉ 連合国共同宣言

1941年12月8日、日本が米英と開戦し、戦火はヨーロッパから太平洋、アジア地域へと拡大した。さらにドイツも同月12日、アメリカに宣戦布告したことで、アメリカはヨーロッパと太平洋の二つの戦域で本格的に参戦することとなった。

アメリカ参戦直後の12月22日、米英両首脳は今後の両国間の戦争遂行に関する協議を行った（アルカディア会談）。この会談では、「日本、ドイツ、イタリアに対する戦争遂行のために協力する。そして、物的・人的資源すべてを投入して戦う。また、

単独での講和や休戦を行わない」などの内容が発議された。そして米英を含む参加26カ国の書名により、1942年1月1日、共同宣言がなされ、連合国が成立した。

この時に署名した国は、アメリカ、イギリス、ソ連、中華民国の主要4か国と、カナダ、コスタリカ、キューバ、ドミニカ、エルサルバドル、グアテマラ、ハイチ、ホンジュラス、ニカラグア、パナマ、インド、オーストラリア、ニュージーランド、南アフリカ。そしてドイツに占領されたベルギー、ルクセンブルク、オランダ、ノルウェー、ポーランド、チェコスロバキア、ユーゴスラビア、ギリシャの各国亡命政府である。

さらに1942年にはメキシコ、フィリピン（亡命政府）、エチオピア。1943年にはコロンビア、ブラジル、ボリビア、イラク、イラン。1944年にリベリア、フランス。1945年にペルー、チリ、パラグアイ、ベネズエラ、ウルグアイ、エクアドル、トルコ、エジプト、サウジアラビア、レバノン、シリアが加盟して総計48カ国となった。

これらの国々と亡命政府が連合国であり、その軍隊が連合軍または連合国軍と呼ばれる。

◉ 連合参謀本部の設立

連合国共同宣言の翌月、1942年2月、アメリカ・イギリス軍によって、連合参謀本部が設立された。英国参謀本部と米国統合参謀本部で組織された本部は、アメリカのワシントンD.C.に置かれ、連合軍の陸海空軍を統括し、ヨーロッパ、アフリカ、太平洋、アジアなどの地域における、軍事作戦の調整などを指揮して第二次大戦を戦っていくことになる。

アメリカ軍

第二次大戦のアメリカ軍は、ヨーロッパ、北アフリカ、イタリア、太平洋の各戦線で戦うこととなった。そのための軍装は、戦地の環境や任務に合わせて、様々な種類のものが将兵に支給された。

また、海兵隊は陸軍と違う独自の軍装を使用し、太平洋戦線で戦っている。戦時中には陸軍、海兵隊ともに、空挺服や迷彩服、M1943フィールドジャケットなど、新たな野戦用ユニフォームが採用されている。

陸軍歩兵

1941年末より第二次大戦に参戦したアメリカ陸軍歩兵の個人装備は、各国と同様に基本的には第一次大戦以前、または第二次大戦前の戦間期に採用されたもので、通常勤務服は野戦服を兼ねていた。戦争後半には、野戦に適したデザインと機能を持った新型の被服と個人装備が登場するが、最前線では旧型の軍装も終戦まで使用された。

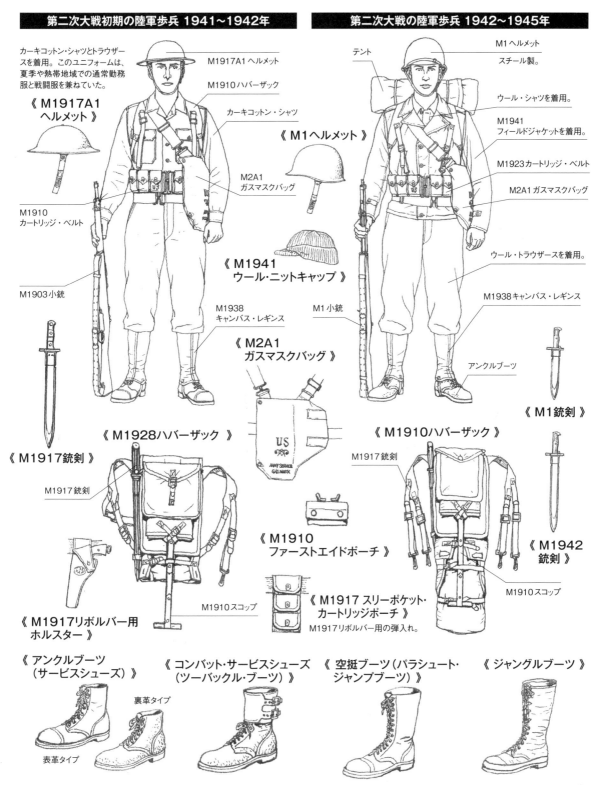

第二次大戦初期の陸軍歩兵 1941〜1942年

カーキコットン・シャツとトラウザースを着用。このユニフォームは、夏季や熱帯地域での通常勤務服と戦闘服を兼ねていた。

M1917A1ヘルメット
M1910ハバーザック
カーキコットン・シャツ

《 M1917A1 ヘルメット 》

M2A1 ガスマスクバッグ

M1910 カートリッジ・ベルト

M1903小銃

M1938 キャンバス・レギンス

《 M1917銃剣 》

《 M1928ハバーザック 》

M1917銃剣

《 M1917リボルバー用 ホルスター 》

M1910スコップ

第二次大戦の陸軍歩兵 1942〜1945年

テント
M1ヘルメット
スチール製。

《 M1ヘルメット 》

ウール・シャツを着用。

M1941 フィールドジャケットを着用。

M1923カートリッジ・ベルト

M2A1ガスマスクバッグ

《 M1941 ウール・ニットキャップ 》

ウール・トラウザースを着用。

M1938キャンバス・レギンス

M1小銃

アンクルブーツ

《 M1銃剣 》

《 M2A1 ガスマスクバッグ 》

《 M1910 ファーストエイドポーチ 》

《 M1910ハバーザック 》

M1917銃剣

《 M1917 スリーポケット・カートリッジポーチ 》
M1917リボルバー用の弾入れ。

M1910スコップ

《 M1942 銃剣 》

《 アンクルブーツ （サービスシューズ） 》

裏革タイプ

表革タイプ

《 コンバット・サービスシューズ （ツーバックル・ブーツ） 》

《 空挺ブーツ（パラシュート・ジャンプブーツ） 》

《 ジャングルブーツ 》

《 短機関銃用マガジンポーチ 》

20連用

30連用

50連ドラムマガジン用

M1カービン用マガジンポーチ

銃床にM1カービン用の
マガジンポーチを装着。

M1 ヘルメット
偽装用ネットを装着。

M1943サスペンダー

M1943フィールドジャ
ケットとトラウザースを
着用。

M1936ピストルベルト

M1カービン

《 M1バンダリア 》

M1 小銃用の予備弾帯。

《 M1938 BARマガジンベルト 》

《 M1944/45コンバットバッグ 》

毛布

銃剣

M1943スコップ

M1944/45カーゴパック

《 シグナルピストル
（信号拳銃）ケース 》

《 M1911A1用
M1916ホルスター 》

《 水筒 》

M1910型　　M1941型

《 エクストラ・
アムニッションバッグ 》

《 手榴弾ポーチ 》

《 ライトウェイト・
ガスマスクバッグ 》

《 M1911A1用マガジンポーチ 》

M1912型　　M1918型　　M1923型

《 M1カービン用マガジンポーチ 》

15連マガジン用

カートリッジポーチ

マガジンだけでなく、
M1 小銃の8連クリッ
プも収納可能。

《 M1936
フィールドバッグ 》

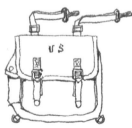

《 オーバーシューズ 》

ブーツの上から履
けるゴム製の防
水ブーツ。

《 シューパック 》

革とゴムで作られ
た防寒ブーツ。

《 ファーストエイドポーチ 》

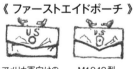

アメリカ軍向けの
イギリス製モデル　　M1942型

《 ライフルグレネード・
サイト・ケース 》

《 コンパスケース 》

極東方面の連合国軍部隊を指揮する司令部として1941年7月26日、アメリカ極東陸軍が設置された。司令部はフィリピンのマニラに置かれ、司令官にはダグラス・マッカーサーが、少将として現役に復帰した。フィリピンに駐屯していたアメリカ陸軍将兵の軍装は、ほとんどが第一次大戦型で、アメリカはまだ戦争への準備は整っていなかった。ガダルカナル戦以降の太平洋戦線では、着やすくジャングル戦に適したHBT作業服が野戦服として使用されるようになった。

《 初期の装備 》

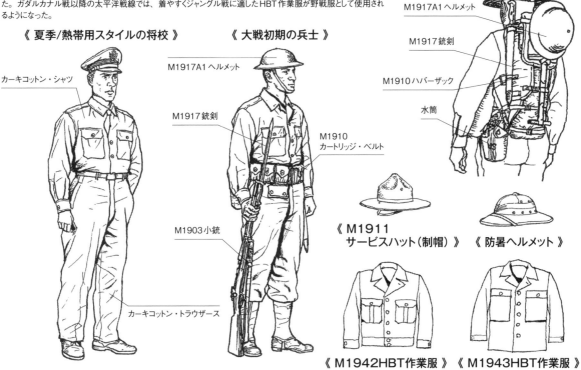

M1911
サービスハット

M1917A1 ヘルメット

M1917銃剣

M1910 ハバーザック

水筒

《 夏季/熱帯用スタイルの将校 》

カーキコットン・シャツ

カーキコットン・トラウザース

《 大戦初期の兵士 》

M1917A1 ヘルメット

M1917銃剣

M1910
カートリッジ・ベルト

M1903小銃

《 M1911
サービスハット（制帽）》

《 防暑ヘルメット 》

《 M1942HBT作業服 》 《 M1943HBT作業服 》

《 M1942HBT作業服の兵士 》

M1ヘルメットは1941年に採用。M1917A1がM1ヘルメットに切り替わるのは1942年になってからだった。

Mk.2手榴弾

M1 小銃

M1942HBT 作業服上衣
HBT作業服はワンピース型も作られている。

M1923カートリッジ・ベルト

M1942HBT
作業服トラウザース

M1928ハバーザック
M1910ハバーザックの改良型。

M1910スコップ

M1936サスペンダー

M1941 水筒

M1943スコップ

《 M1943HBT作業服の兵士 》

M1943HBT 作業服上衣

M1938 BAR マガジンベルト

M1943HBT 作業服トラウザース
大きなカーゴポケットが付く。

BAR M1918A2

《 陸軍戦車兵 》

ワンピース型の
M1943HBT
作業服を着用。

M1911A1 用
M3ショルダーホルスター

戦車兵ヘルメット

M1941フィールドジャケット

M1941フィールドジャケットは、これまでのアメリカ陸軍の制服システムにはない野戦服として、1938年に開発が始まった。開発にあたり、デザインは当時の民間で使用されていたウインドブレーカーがベースとなっている。1940年、試作型（M1938）が作られ、師団単位での使用試験を実施。それを改良したモデルが1941年に採用された。

新型戦闘服として登場したM1941フィールドジャケット。終戦まで使用されたことから、第二次大戦のアメリカ兵をイメージする戦闘服となった。

ジャケットの背部左右には、腕を動かしやすいようプリーツが設けられている。

立てた襟を閉めるタブが付属している。

左右の袖にPとWの文字が入れられたM1941フィールドジャケット。これは戦時捕虜用のもので、M1943フィールドジャケットの採用後、余剰となったものを捕虜に支給した。

表地はコットンポプリン生地が使用され、裏地には軽量のウール生地が張られている。

前合わせは、ファスナーとボタンで留める。

背中の裾には調整用タブとボタンがある。

防風対策として襟は閉じられるようにデザインされていた。

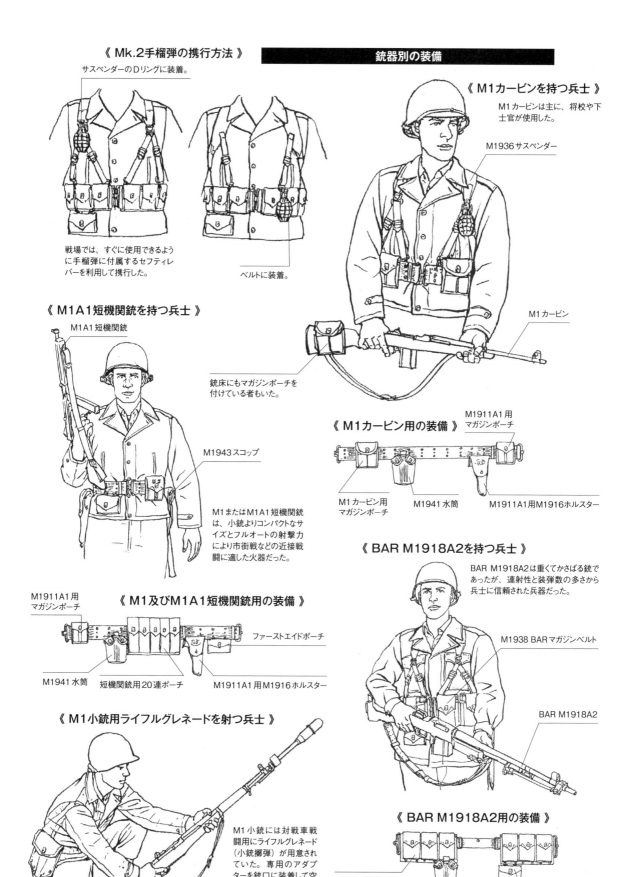

《 Mk.2手榴弾の携行方法 》

サスペンダーのDリングに装着。

戦場では、すぐに使用できるように手榴弾に付属するセフティレバーを利用して携行した。

ベルトに装着。

《 M1カービンを持つ兵士 》

M1カービンは主に、将校や下士官が使用した。

M1936 サスペンダー

M1 カービン

《 M1A1短機関銃を持つ兵士 》

M1A1 短機関銃

M1943 スコップ

銃床にもマガジンポーチを付けている者もいた。

M1またはM1A1短機関銃は、小銃よりコンパクトなサイズとフルオートの射撃力により市街戦などの近接戦闘に適した火器だった。

《 M1カービン用の装備 》

M1911A1用マガジンポーチ

M1 カービン用マガジンポーチ

M1941 水筒

M1911A1用M1916ホルスター

《 BAR M1918A2を持つ兵士 》

BAR M1918A2は重くてかさばる銃であったが、連射性と装弾数の多さから兵士に信頼された兵器だった。

M1938 BAR マガジンベルト

BAR M1918A2

《 M1及びM1A1短機関銃用の装備 》

M1911A1用マガジンポーチ

ファーストエイドポーチ

M1941 水筒

短機関銃用20連ポーチ

M1911A1用M1916ホルスター

《 M1小銃用ライフルグレネードを射つ兵士 》

M1小銃には対戦車戦闘用にライフルグレネード（小銃擲弾）が用意されていた。専用のアダプターを銃口に装着して空砲で発射する。装甲車両だけでなく、敵の火点攻撃にも利用された。

《 BAR M1918A2用の装備 》

1個のマガジンポーチに20連マガジン2本収納。

M1941 水筒

ファーストエイドポーチ

1944年後半の陸軍歩兵

アメリカ軍はM1941フィールドジャケットよりも野戦に適した戦闘服を開発し、1943年に採用した。これがM1943フィールドジャケットで、同時にフィールドトラウザースも採用した。最初にイタリア戦線の部隊に支給が始まったが、補給の関係もあり、終戦までにヨーロッパ戦線のすべてのアメリカ軍将兵に行き渡ることはなかった。

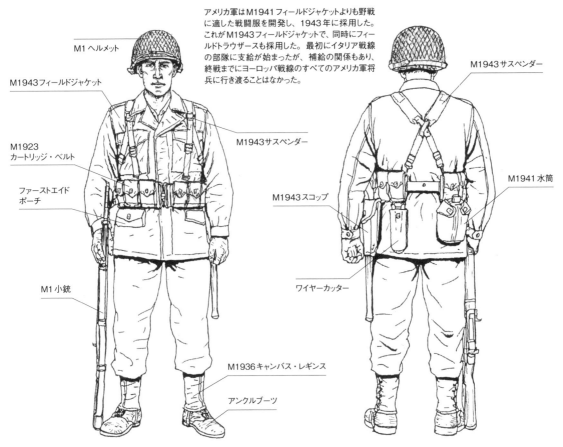

- M1ヘルメット
- M1943フィールドジャケット
- M1923 カートリッジ・ベルト
- ファーストエイドポーチ
- M1 小銃
- M1943サスペンダー
- M1936キャンバス・レギンス
- アンクルブーツ

- M1943サスペンダー
- M1941 水筒
- M1943スコップ
- ワイヤーカッター

《 個人の戦闘装備 》

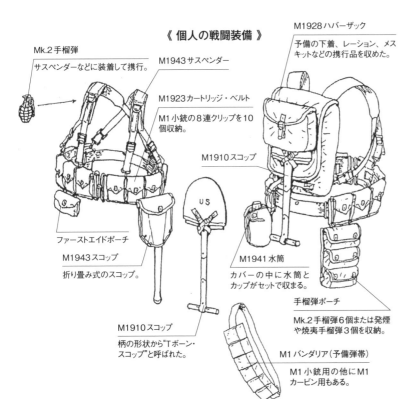

Mk.2手榴弾
サスペンダーなどに装着して携行。

M1943サスペンダー

M1923カートリッジ・ベルト
M1小銃の8連クリップを10個収納。

ファーストエイドポーチ

M1943スコップ
折り畳み式のスコップ。

M1910スコップ
柄の形状から"Tボーン・スコップ"と呼ばれた。

M1928ハバーザック
予備の下着、レーション、メスキットなどの携行品を収めた。

M1910スコップ

M1941 水筒
カバーの中に水筒とカップがセットで収まる。

手榴弾ポーチ
Mk.2手榴弾6個または発煙や焼夷手榴弾3個を収納。

M1バンダリア(予備弾帯)
M1小銃用の他にM1カービン用もある。

《 M1ヘルメット 》

スチール製で内帽と外帽の二重構造。表面は反射防止のためざらついた塗装仕上げ。

偽装用ネットを装着。

《 M1943フィールドジャケット 》

M41フィールドジャケットに比べ、より戦闘に適したデザインとなった。

26

《 オマハビーチに上陸したレンジャー部隊の兵士 》

M5アサルトマスクバッグ

ゴム製の防水式ガスマスクバッグ。

ライフプリザーバー・ベルト

防水ビニール袋に収めたM1小銃。

アサルト・ベスト

バックルの片側を動かしてサイズを調節できる。

ホース先端の金具

膨らみが不足した場合は、気嚢側面のホースから空気を吹き込むことができる。

《 ライフプリザーバー・ベルト デュアルタイプ 》

気嚢が2気室に分かれたチューブ型の救命ベルト。海軍の装備品であるが、上陸作戦時に陸軍将兵に支給された。

ベルト固定バックル

ベルト先端の上下にCO^{2}のボンベがセットされており、基部に内蔵されたレバーを外から握るとガスが放出されてベルトが膨らむ。

ボンベはキャップを外して交換できる。

気嚢を畳んだ状態

拡張した状態

気嚢の断面

バックル

バックルの他にこのタブでもサイズの調整ができた。

《 1気室タイプのライフプリザーバー・ベルト 》

このモデルは、ホースを使い自分で膨らます簡単な構造。

表側

裏側

装着用ストラップは2種類のバリエーションがあった。

着用時の状態。

排気バルブ

ホース先端の金具

フックが付いた装着用ストラップ

膨らませた状態。

《 アサルト・ベストを着用した兵士 》

アサルト・ベストは、個人装備を一つにまとめて携帯できるものだったが、兵士の動きを妨げる結果にもなり、兵士に嫌われたため上陸後はほとんど使用されていない。

ベストの前合わせやポケットにはクイックリリース式のタブが付けられ、素早い脱着や開閉を可能としていた。

正面には上下4カ所にポケットが付属する。このポケットには弾薬や手榴弾などを収納。

《 アサルト・ベスト 》

上部ポケットの側面には銃剣用のスリットが設けられていた。

上部ポケットのフラップにあるハトメにスコップなどを装着することができる。

ノルマンディー上陸作戦の上陸第一波部隊が装備したアサルト・ベスト。イギリス軍のアサルト・ジャーキンをベースに開発された。

《 オーバーコート姿の兵士 》

冬季には冬用下着やウール・シャツ、セーター、フィールドジャケットを重ね着した上からオーバーコートを着用した。

ウール・マフラー

M1943サスペンダー

手袋

M1923カートリッジ・ベルト

ファーストエイドポーチ

M1 小銃

オーバーシューズ

兵／下士官用のM1942オーバーコート

《 M1943フィールドジャケットを着た兵士 》

M1943フィールドジャケットは戦闘服としてシステム化されており、専用の防寒ライナーが用意されていたが、補給などの問題などで最前線の将兵にはライナーがほとんど支給されていなかった。

偽装用ネットを装着したM1ヘルメット

ウールのマフラー

M1943サスペンダー

防寒手袋

M1A1 短機関銃

防寒フード

M1943フィールドジャケット

ライトウェイト・ガスマスクバッグ

《 M1941ニットキャップ 》

"ジープキャップ" とも呼ばれ、兵士たちに愛用された。

《 雪中迷彩服を着用した兵士 》

雪中迷彩服は、山岳部隊用に装備されていたため、歩兵部隊でほとんど使用されていない。

山岳用やスキー用のリバーシブル・パーカーを使用。

M1943サスペンダー

M1923カートリッジ・ベルト

小銃も白の布を巻いて迷彩している。

雪中用の本格的な防寒ブーツ、シューパックの支給は1945年に入ってからとなった。

M1943フィールドジャケットは、着脱式のフードも装着可能。フードは、襟とエポレットのボタンを利用して固定する。

多くの兵士は、ライトウェイト・ガスマスクバッグを雑嚢として利用していた。

短機関銃用マガジンポーチ

M1941水筒

M1943スコップ

《 野戦用のマッキノーコートを着用した兵士 》

《 レインコートを着用した兵士 》

《 シーツを使った冬季装備 》

前線では、シーツなどをヘルメットカバー代わりにしたり、ポンチョのようにして使用した。1944年末から始まったアルデンヌ戦では、アメリカ軍の兵士たちは白のシーツやカーテン、テーブルクロスを利用して偽装した。

戦車兵

アメリカ軍が機甲部隊などの車両搭乗員用に支給したのが、タンカースジャケットとタンカーストラウザースである。防寒の機能も持つこのジャケットとトラウザースは、戦車兵だけでなく、他部隊での人気も高く、多くの将兵が使用した。

戦車兵の軍装

- タンカースヘルメットとゴーグル
- タンカースジャケット
- 機甲部隊章
- 階級章（軍曹）
- M1911A1用マガジンポーチ
- M3双眼鏡
- ピストルベルト
- ファーストエイドポーチ
- M1911A1用 M1916ホルスター
- ウール・トラウザース
- キャンバス・レギンス
- アンクルブーツ

《 タンカースジャケット 》

- フロントはファスナー式。
- サイドポケット
- 初期型と後期型がある。イラストは後期型。
- 袖口はニット。

冬季の戦車兵

- タンカースジャケット
- 初期型のポケット
- ウールニット・グローブ
- タンカーストラウザース
- オーバーシューズ

戦車兵だけでなく、防寒用にオートバイ兵などにも愛用された。

《 タンカーストラウザース後期型 》

制式名称は、ウインター・コンバットトラウザース

裾にストラップが付いており、ドットボタンで足首を絞ることができる。

《 ウインター・コンバットヘルメットを着用した戦車兵 》

- ウインター・コンバットヘルメット

表地はタンカースジャケットと同じ厚手のコットン生地。初期型はウールのライニングが剥き出しで、後期型はコットンの裏地が付く。"タンカースフード"とも呼ばれた。

《 タンカースフードの上から M1ヘルメットを被った軍曹 》

《 1940年頃の戦車兵 》

初期型の戦車兵ヘルメット

つなぎ型のHBT
（ヘリンボーンツイル）
作業服

《 北アフリカ戦線の戦車兵 》

M1938戦車兵ヘルメット

初期型の
タンカースジャケット

M3短機関銃

つなぎ作業服

オーバーシューズ

《 1944年冬の
ヨーロッパ戦線における戦車兵 》

戦車兵ヘルメットの下に
防寒用のキャップを着用。

後期型の
タンカースジャケット

後期型のタンカース
トラウザース

《 ウインター・コンバットヘルメット 》

《 ワンピース型HBT作業服 》

初期型

中期型

後期型

胸ポケットが
1カ所になる。

レンチポケット
が復活。

レンチ
ポケット

ポケットのデザ
インを変更。

レンチポケット
が廃止される。

戦車兵専用のものではないが、訓練、整備作業、実戦などで着用された。

《 タンカーストラウザース
初期型 》

冬季用の防寒頭巾。タンカー
スジャケットとともに使用された。

《 タンカーストラウザース
後期型 》

ストラップが脱着式になった。

無線用レシーバーを
固定するタブ。

《 M1938戦車兵ヘルメット 》

頭部には通気用の
穴が設けられている。

ゴーグル固定用の
ストラップ。

内側のライナーは革張り。

サイズ調整用のゴムストラップ。

戦車兵ヘルメットは、戦車などの車内
で乗員の頭部を保護するためのもの
で、帽体は紙を圧縮して作られている。

《 タンカースジャケット 》

制式名称は、ウインター・コンバットジャケット。車両搭乗員の車内での活動を考慮したデザインで作られている。機甲部隊以外の将兵も多く使用。

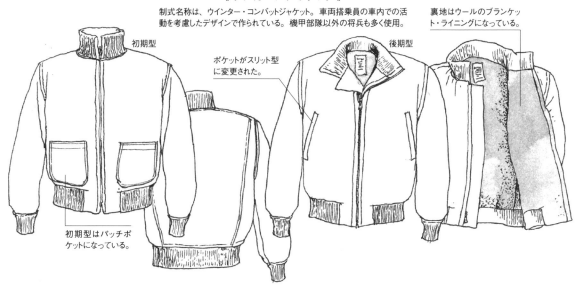

初期型

ポケットがスリット型に変更された。

後期型

裏地はウールのブランケット・ライニングになっている。

初期型はパッチポケットになっている。

タンカースジャケットの使用例

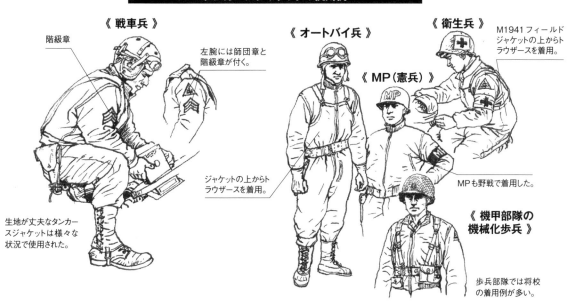

《 戦車兵 》

階級章

左腕には師団章と階級章が付く。

生地が丈夫なタンカースジャケットは様々な状況で使用された。

《 オートバイ兵 》

ジャケットの上からトラウザースを着用。

《 MP（憲兵）》

《 衛生兵 》

M1941 フィールドジャケットの上からトラウザースを着用。

MPも野戦で着用した。

《 機甲部隊の機械化歩兵 》

歩兵部隊では将校の着用例が多い。

《 アメリカ本国で訓練中のパットン少将 》

階級章

初期型を着ている。

《 コリンズ少将 》

第2機甲師団部隊章

《 ブラッドレー中将 》

階級章

第1軍部隊章

《 アーヴィン少将 》

階級章

空挺部隊員

アメリカ軍にとって初の降下作戦となったのが、1944年6月6日のノルマンディー上陸作戦である。空挺部隊は、上陸部隊の支援及び内地進攻ルート確保のために上陸部隊に先立ち、敵地に降下した。降下時、可能なかぎりの装備・火器・物資(約30〜100kg)を身に付けて降下するために空挺部隊専用の衣服、装備が数多く開発された。

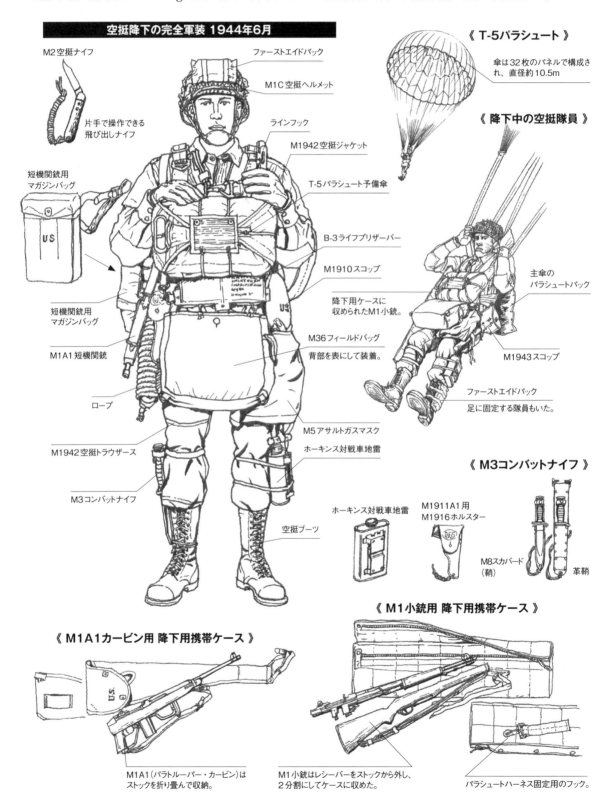

空挺降下の完全軍装 1944年6月

- M2空挺ナイフ
  - 片手で操作できる飛び出しナイフ
- 短機関銃用マガジンバッグ
- 短機関銃用マガジンバッグ
- M1A1短機関銃
- ロープ
- M1942空挺トラウザース
- M3コンバットナイフ
- ファーストエイドパック
- M1C空挺ヘルメット
- ラインフック
- M1942空挺ジャケット
- T-5パラシュート予備傘
- B-3ライフプリザーバー
- M1910スコップ
- 降下用ケースに収められたM1小銃。
- M36フィールドバッグ 背部を表にして装着。
- M5アサルトガスマスク
- ホーキンス対戦車地雷
- 空挺ブーツ

《 T-5パラシュート 》
傘は32枚のパネルで構成され、直径約10.5m

《 降下中の空挺隊員 》
- 主傘のパラシュートパック
- M1943スコップ
- ファーストエイドパック 足に固定する隊員もいた。

《 M3コンバットナイフ 》
- ホーキンス対戦車地雷
- M1911A1用 M1916ホルスター
- M8スカバード(鞘)
- 革鞘

《 M1小銃用 降下用携帯ケース 》
M1小銃はレシーバーをストックから外し、2分割にしてケースに収めた。
パラシュートハーネス固定用のフック。

《 M1A1カービン用 降下用携帯ケース 》
M1A1(パラトルーパー・カービン)はストックを折り畳んで収納。

《 ノルマンディーに降下した空挺部隊員 》

- 偽装したM1C空挺ヘルメット
- チンストラップ
- ファーストエイドパック
- Mk.2手榴弾
- M1942空挺ジャケット
- 星条旗の識別章
- 弾薬を入れるリガーポーチ
- コンパス
- M1916ホルスター
- M1A1カービン
- 樹木や建物など高所に降り立った際に使用するロープ。
- M3コンバットナイフ
- 空挺ブーツ

《 第101空挺師団グライダー連隊の隊員 》

- M1ヘルメット
- M1941フィールドジャケット
- 発煙手榴弾
- 星条旗の識別章
- バンダリア
- M1小銃
- ウール・トラウザースまたはHBTトラウザース
- キャンバス・レギンス
- アンクルブーツ

グライダー連隊の隊員は、グライダーで降下するため軍装は一般の歩兵と同じだった。

- M1936フィールドバッグ
- 水筒
- M1943スコップ

《 空挺部隊章及び徽章 》

第82空挺師団章　　第101空挺師団章　　空挺部隊帽章

グライダー徽章　　空挺徽章

No.82手榴弾（ガモン手榴弾）

発火装置に袋が付いたイギリス製の手榴弾。袋部分に高性能爆薬が装填されており、対戦車戦闘に使用。

ファーストエイドパック

繃帯とモルヒネが収納されている。

クリケット

降下後、夜間に敵と味方を識別するために使われた。

略帽

空挺部隊章が左側に付く。

ウール・ニットキャップ

M1C空挺ヘルメット

降下時にヘルメットが風圧で外れないように専用のチンストラップが増設されている。

《 銃器の携行方法 》

パラシュートパックのベルトにM1またはM1A1短機関銃を固定。

予備傘と体の間に入れて携帯。

降下用ケース入れて予備傘部分で携帯。

降下用ケースをパラシュートハーネスに装着。

専用ケースに入れたM1A1カービンをパラシュートハーネスに装着。

《 ロケットランチャーの携行方法 》

ロケットランチャーを直接携帯する。

イギリス軍の物量用投下バッグを使用。

物量用投下バッグ（レッグバッグ）

投下バッグは、ロープでハーネスと連結されており、パラシュートの開傘後、体から放した。

《 M1942空挺服 》

胸ポケットを改良。

ベルトを変更。

《 試作空挺服 》

1941年に試作されたツーピースの空挺部隊用戦闘服。コレクターの間ではM1941空挺服と呼ばれている。

両側のカーゴポケットを大型化。

《 M1942空挺服の背面 》

ジャケットの下に衣類を着こんだ際、動きを妨げないように背中の中央と左右にプリーツが設けられている。

《 M1943フィールドトラウザース 空挺型 》

増設されたカーゴポケット。

カーゴポケットに物を収納した際に用いる固定用ストラップを追加。

膝部分は布で補強。

《 M1943フィールドジャケット 》

試作型(M1941空挺服)を改良して採用された空挺服。ジャケットとトラウザースのポケットのフラップが大きくなり、またプリーツを増設して収納容量を増やしている。

アメリカ軍は特殊被服の削減を図り、M1943フィールドジャケットを全軍共通の野戦服とした。そのため、空挺部隊も専用の降下服に代わり、M1943フィールドジャケットを使用するようになる。

M1943フィールドトラウザースにはカーゴポケットが付いていなかったため、空挺部隊では支給後、部隊単位でポケットなどを増設する改造を施した。

海兵隊員

第二次大戦（太平洋戦争）開戦時のアメリカ軍は、戦争への準備がまだ完全には整っていなかった。陸軍と同様に海兵隊員の服装・装備は、第一次大戦のアメリカ軍兵士とあまり変わらなかったが、次第に装備を更新していき、陸軍とは異なる海兵隊独自のユニフォームを開発、使用した。

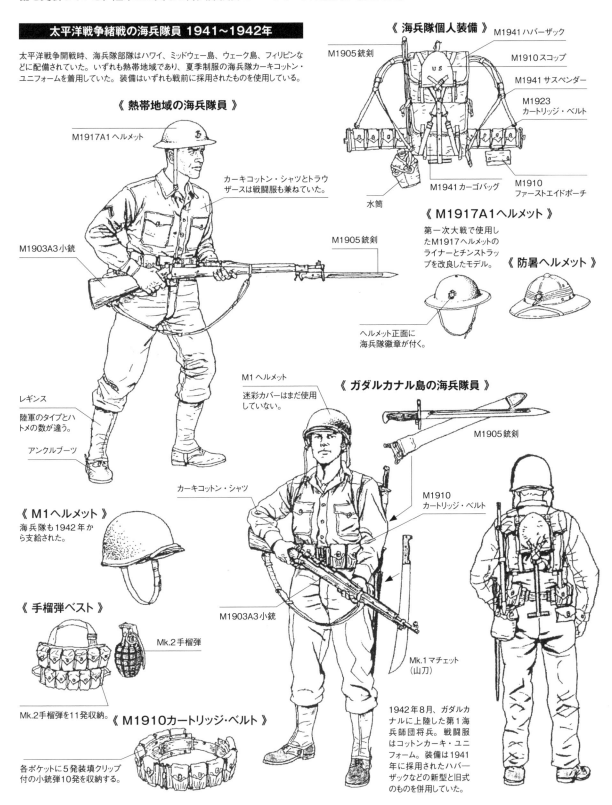

太平洋戦争緒戦の海兵隊員 1941～1942年

太平洋戦争開戦時、海兵隊部隊はハワイ、ミッドウェー島、ウェーク島、フィリピンなどに配備されていた。いずれも熱帯地域であり、夏季制服の海兵隊カーキコットン・ユニフォームを着用していた。装備はいずれも戦前に採用されたものを使用している。

《 熱帯地域の海兵隊員 》

M1917A1 ヘルメット

カーキコットン・シャツとトラウザースは戦闘服も兼ねていた。

M1903A3 小銃

M1905 銃剣

レギンス
陸軍のタイプとハトメの数が違う。

アンクルブーツ

《 海兵隊個人装備 》

M1941 ハバーザック

M1905 銃剣

M1910 スコップ

M1941 サスペンダー

M1923 カートリッジ・ベルト

M1941 カーゴバッグ

M1910 ファーストエイドポーチ

水筒

《 M1917A1 ヘルメット 》

第一次大戦で使用したM1917ヘルメットのライナーとチンストラップを改良したモデル。

ヘルメット正面に海兵隊徽章が付く。

《 防暑ヘルメット 》

《 M1 ヘルメット 》

海兵隊も1942年から支給された。

《 手榴弾ベスト 》

Mk.2 手榴弾

Mk.2 手榴弾を11発収納。

《 M1910 カートリッジ・ベルト 》

各ポケットに5発装填クリップ付の小銃弾10発を収納する。

M1 ヘルメット
迷彩カバーはまだ使用していない。

《 ガダルカナル島の海兵隊員 》

M1905 銃剣

カーキコットン・シャツ

M1910 カートリッジ・ベルト

M1903A3 小銃

Mk.1 マチェット
（山刀）

1942年8月、ガダルカナルに上陸した第1海兵師団将兵。戦闘服はコットンカーキ・ユニフォーム。装備は1941年に採用されたハバーザックなどの新型と旧式のものを併用していた。

35

ガダルカナルの戦いに勝利したアメリカ軍は、1943年から太平洋戦線において攻勢に転じていく。M1小銃の配備や戦闘服にHBT作業服が支給されるなど、野戦装備もより実戦的になっていった。

《 P1941HBT作業服とトラウザースを着用した海兵隊員 》

迷彩カバーを装着したM1ヘルメット。

M1941 サスペンダー

P1941HBT 作業服

M1923 カートリッジ・ベルト

ファーストエイドポーチ

M1 小銃

P1941HBTトラウザース

《 海兵隊員の迷彩カバー付きヘルメット 》

ヘルメット用の迷彩カバーは実戦では、1943年11月のタラワ島上陸から使用されている。

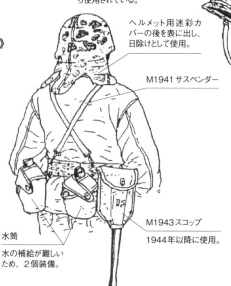

ヘルメット用迷彩カバーの後を表に出し、日除けとして使用。

M1941 サスペンダー

M1943 スコップ
1944年以降に使用。

水筒
水の補給が難しいため、2個装備。

《 P1941HBTシャツ 》

海兵隊の作業服で、陸軍のタイプとは色もデザインも異なる。太平洋戦線では戦闘服として使用された。胸のポケットに海兵隊徽章がプリントされている。

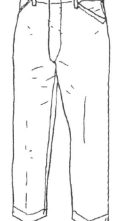

《 HBT作業帽 》

HBT ハット

HBT キャップ

"デイジー・メイ・ハット"とも呼ばれ、作業や訓練の際に使用。

正面に海兵隊徽章がプリントされている。戦場ではこの帽子の上からヘルメットを被る兵士も多い。

《 コンバットナイフ 》

海兵隊員から"ケイバー"の愛称で呼ばれた。

《 水筒 》

クロスフラップ水筒カバーは、海兵隊の特徴ある装備の1つ。水筒本体は陸軍と同じタイプを使用している。

《 ファーストエイドキット 》

熱帯のジャングルで活動するため、包帯だけでなく浄水剤や消毒薬、リップクリームなどもセットされていた。

《 M1941サスペンダー 》

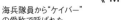

サスペンダーも海兵隊独自の装備。ストレートタイプで、ハバーザックの固定にも使用した。

《 ジャングルブーツ 》

陸軍が1942年に採用したキャンバス生地とゴム製のブーツ。海兵隊では一部の部隊が試験的に使用した。

《 P1941HBTトラウザース 》

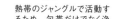

上着と同じ生地で作られたトラウザース。ポケットはフロントと臀部の2カ所にある。

P1942HBT迷彩服の海兵隊員

迷彩カバーをこのように垂らすと日除け代わりになる。

迷彩ポンチョ

M1941ハバーザック

M1910スコップ

M1910ファーストエイドキット

M1941サスペンダー

M1923カートリッジ・ベルト

迷彩カバー付きM1ヘルメット

P1942HBT迷彩服

迷彩服はリバーシブルになっており、表がグリーン、裏が茶色でヘルメットカバーと同じ"ダックハンター"と呼ばれるパターン。主に空挺部隊やレイダース(襲撃)部隊の将兵が使用。

M1923カートリッジ・ベルト

M1銃剣

刃渡りが41cmのM1905銃剣などより短く、M1銃剣は25cmの長さになった。

M1小銃

P1942HBT迷彩トラウザース

M1941フィールドジャケットを着た海兵隊員

HBTキャップ

M1941フィールドジャケット

ファーストエイドポーチ

M1A1短機関銃

M1カービン

短機関銃用30連マガジンポーチ

M1911A1を収めたM3ショルダーホルスター

M1カービン用マガジンポーチ

コンバットナイフ

M1941フィールドジャケットは海兵隊にも支給された。熱帯地域での戦闘が多かったので、海兵隊で使用するイメージはあまりないが、硫黄島や沖縄戦で着用している画像や映像が残されている。

腰には水筒2個とファーストエイドキットのケースを装備しているため、マガジンポーチは左脇腹側に装着。

海兵隊はM1928A1短機関銃とM1A1短機関銃を使用した。マガジンポーチは陸軍と同じ20連の他、海兵隊独自で30連マガジンポーチを採用していた。

手榴弾ポーチは水筒1個の場合、腰の右側に装着。水筒を2個装備した際は、右脇腹側などに装着した。

手榴弾ポーチ

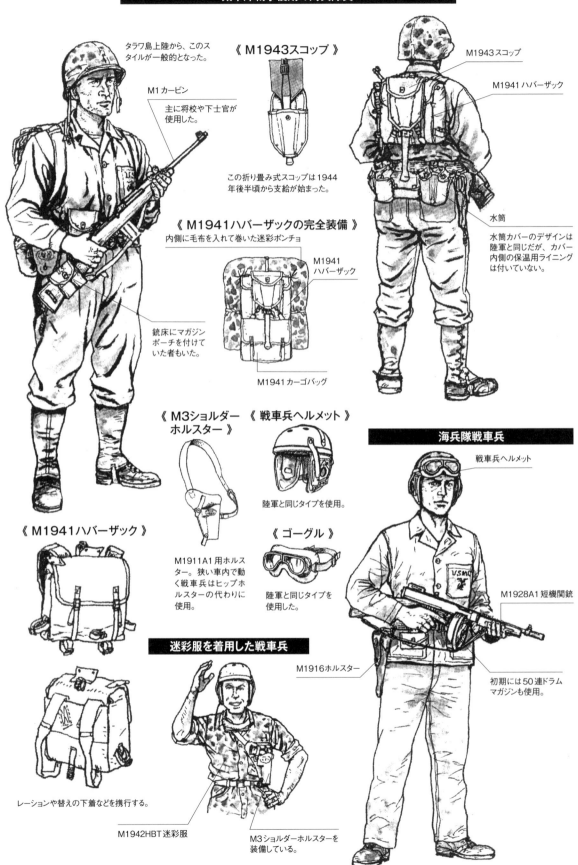

タラワ島上陸から、このスタイルが一般的となった。

《 M1943スコップ 》

M1943スコップ

M1 カービン

主に将校や下士官が使用した。

M1941 ハバーザック

この折り畳み式スコップは1944年後半頃から支給が始まった。

水筒

水筒カバーのデザインは陸軍と同じだが、カバー内側の保温用ライニングは付いていない。

《 M1941ハバーザックの完全装備 》

内側に毛布を入れて巻いた迷彩ポンチョ

M1941
ハバーザック

銃床にマガジンポーチを付けていた者もいた。

M1941 カーゴバッグ

《 M3ショルダー
ホルスター 》

《 戦車兵ヘルメット 》

海兵隊戦車兵

戦車兵ヘルメット

M1911A1 用ホルスター。狭い車内で動く戦車兵はヒップホルスターの代わりに使用。

陸軍と同じタイプを使用。

《 M1941ハバーザック 》

《 ゴーグル 》

M1928A1 短機関銃

陸軍と同じタイプを使用した。

M1916ホルスター

レーションや替えの下着などを携行する。

迷彩服を着用した戦車兵

初期には50連ドラムマガジンも使用。

M1942HBT迷彩服

M3ショルダーホルスターを装備している。

M1917A1ヘルメット

第一次大戦で使用したM1917ヘルメットを1939年に改修したヘルメット。ライナーのシステムを変え、チンストラップは革製からコットン製になった。

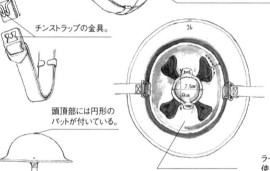

ライナーはアルミ製のフレームに革が張られている。ライナーのサイズは調整可能。

チンストラップはコットン製で金具はフック式になった。このデザインは、後のM1ヘルメットに引き継がれる。

チンストラップの金具。

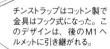

頭頂部には円形のパットが付いている。

茶色の革製ハンモック。

M1ヘルメット

M1ヘルメットは、M1917A1に代わり、1941年6月に採用された。それまでの皿型ヘルメットに比べて、頭部の防御力を高めるために深い丸形のデザインとなり、その形状から"スチールポット"と呼ばれた。

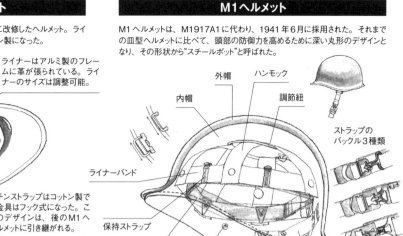

外帽　ハンモック
内帽　調節紐

ストラップのバックル3種類

ライナーバンド
保持ストラップ
ヘッドバンド
ストラップ用リベット
チンストラップ
ネックバンド

通気穴

ライナー単体でも使用可能。

ライナー・チンストラップ

ライナー・チンストラップ
ヘッドバンド
ライナーバンド
ネックハンド
ステンレス製の縁取り

ヘルメットのマーキング

階級章

中将　大佐　大尉

軍曹　士官候補生　準士官候補生

部隊マーク

第3歩兵師団　第1歩兵師団　第29歩兵師団

第90歩兵師団(大尉)　第2レンジャー大隊

階級識別マーク

将校　下士官

衛生兵

赤十字マーキングのバリエーション

MP

-MP-　MP

部隊マーク

第327
グライダー歩兵連隊

第509
パラシュート歩兵大隊

第501
パラシュート連隊　第502
パラシュート連隊　第506
パラシュート連隊

第321
グライダー砲兵大隊　第377
パラシュート砲兵大隊　第907
パラシュート砲兵大隊

第463砲兵大隊　司令部付砲兵　第81高射砲大隊

師団偵察小隊　師団司令部通信隊　第426補給中隊

第801兵器中隊　第326工兵大隊　第326衛生中隊

第187空挺連隊
戦闘団第3大隊

第551
パラシュート歩兵大隊

第505
パラシュート歩兵大隊

第502
パラシュート歩兵連隊

陸軍の制服　　　　　　　　海兵隊の制服

《 将校用制服 》

1939 年制定の将校用制服。兵／下士官用制服より濃いカーキ色のため、"チョコレート"とも呼ばれる。トラウザースはジャケットと同色、またはピンク・トラウザースと呼ばれたベージュ系の2色があった。

《 WAC将校用制服 》

陸軍婦人部隊の将校用制服の生地は、男性用と同色で作られている。1944年にボタンは樹脂製から真ちゅう製に変更された。

《 ウール・フィールドジャケット 》

"アイクジャケット"の愛称で有名なこのジャケットは、本来は冬季用野戦服として採用された。しかし、将兵たちは後方での着用を好んだことから、本来の用途から外れて略式制服として使用された。

《 ブルードレスの海兵隊員 》

海兵隊の礼装用制服。ジャケットはシングルブレストの詰襟スタイル。将校用は4個ボタンで、兵／下士官用のジャケットは6個ボタンになる。

アメリカ陸軍の階級章

〔帽章〕将校　〔帽章〕下士官／兵

〔将校〕　〔下士官〕

〔肩章〕

| 元帥 | 大将 | 中将 | 少将 | 准将 | 大佐 | 中佐（銀） | 少佐（金） | 大尉 | 中尉（銀） | 少尉（金） | 一等准尉 | 二等准尉 |

〔腕章〕

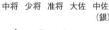

| 曹長 | 先任曹長 | 軍曹 | 二等軍曹 | 三等技術兵 | 三等軍曹 | 四等技術兵 | 伍長 | 五等技術兵 | 上等兵 |

アメリカ海兵隊の階級章

〔帽章〕

〔肩章〕

| 中将 | 少将 | 准将 | 大佐 | 中佐 | 少佐 | 大尉 | 中尉 | 少尉 | 五等准尉 | 一等准尉 | 士官候補生 |

〔腕章〕

| 上級曹長 | 曹長 | 一等軍曹 | 技能軍曹 | 小隊付軍曹 | 二等軍曹 | 三等軍曹 | 伍長 | 一等兵 |

海軍航空機搭乗員章

海軍パイロット章

40

陸軍航空隊の航空機搭乗員

アメリカ陸軍航空隊の搭乗員には、飛行中の厳しい自然環境下で任務を遂行し、敵の攻撃から身を守る装備が用意されていた。

《 50ミッション・クラッシュキャップ 》

ヘッドセットを上から装着するため、形を崩した制帽。50回の出撃任務を完了した証ともされた。

戦闘機パイロットの軍装

《 陸軍パイロット章 》

飛行帽とゴーグル

パラシュートハーネス

酸素マスク

B-4ライフプリザーバー（救命胴衣）

A-2フライトジャケット

M1936ピストルベルト

M1918マガジンポーチ

A-12グローブ

《 A-14酸素マスク 》

M1916ホルスター

ウール・トラウザース

《 航空科・兵科章（将校用）》

アンクルブーツ

《 B-4ライフプリザーバー 》

《 部隊章 》

陸軍航空隊章　　第5空軍部隊章　　第8空軍部隊章

《 S-1パラシュートとハーネス 》

ハーネスの背部にはクッション用のパッドが付いている。

パラシュートパック

パラシュート本体は戦闘機の座席に収まり、クッションの役割もした。

《 ゴーグル 》

B-7ゴーグル　　　B-8ゴーグル　　　AN-6530ゴーグル

《 A-12グローブ 》　《 ファーストエイドパック 》

《 パイロットの基本装備 》

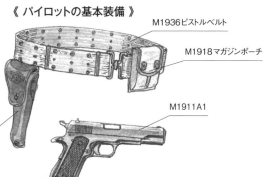

M1936ピストルベルト

M1918マガジンポーチ

M1911A1

M1916ホルスター

《 アンクルブーツ 》

ヨーロッパ戦線の爆撃機搭乗員

低い気温と気圧の高高度を飛行するには、これだけの装備が必要だった。

B-2キャプ

A-3パラシュートハーネス

A-9Aグローブ

A-3トラウザース

A-6シューズ

B-4ライフプリザーバー

B-3ジャケット

A-3チェストタイプ・パラシュート

B-3ジャケットを着たパイロット（大尉）

クラッシュキャップ

爆撃機パイロットは飛行の際に、飛行帽よりも制帽を被ることを好んだといわれる。

《 爆撃機搭乗員のキャップ 》

B-1キャプ（夏季用）　　B-2キャプ（冬季用）

《 爆撃機や輸送機などで使用された無線用装備 》

T-30-V咽頭マイク

HS-38ヘッドセット

《 搭乗員用ヘルメット 》

《 A-9Aグローブ（冬季用） 》

M3フライヤーズヘルメット　　M4フライヤーズヘルメット

《 A-8酸素マスク 》

爆撃機の機関銃手

搭乗員を対空砲弾などの破片から守るための防弾ベストも支給された。

《 A-3トラウザース（冬季用） 》

《 B-6飛行帽（冬季用） 》

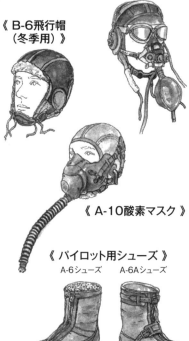

《 A-10酸素マスク 》

《 パイロット用シューズ 》

A-6シューズ　　A-6Aシューズ

M1フルアーマーベスト

M4アーマーエプロン

海軍航空隊の航空機搭乗員

太平洋戦線の空の戦いは、熱帯地域での作戦行動が多く、ヨーロッパ戦線と比べるとパイロットの軍装は軽装だった。

《 B-3ライフプリザーバー 》

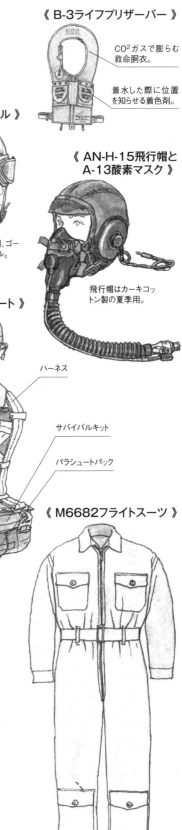

CO_2ガスで膨らむ救命胴衣。

着水した際に位置を知らせる着色剤。

太平洋戦線の海軍パイロット

AN-6530ゴーグル

M450飛行帽

パラシュートハーネス

M6682フライトスーツ

Mk.Iナイフ

B-3ライフプリザーバー

アンクルブーツ

《 M450飛行帽と
AN-6530ゴーグル 》

飛行帽は海軍の夏季用、ゴーグルは陸軍と共用モデル。

《 AN-H-15飛行帽と
A-13酸素マスク 》

飛行帽はカーキコットン製の夏季用。

《 S-1パラシュート 》

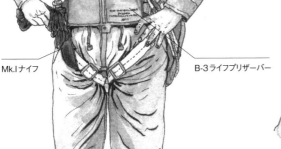

ハーネス

サバイバルキット

パラシュートバック

《 M3ショルダー
ホルスター 》

ショルダーストラップ

予備弾用のループ

《 M6682フライトスーツ 》

《 海軍パイロットの帽子 》

士官用制帽

略帽

N-3 HBTキャップ

《 S&Wミリタリーポリス・
リボルバー・ビクトリーモデル 》

《 Mk.Iナイフ 》

カーキコットン製の夏季用フライトスーツ。

海軍

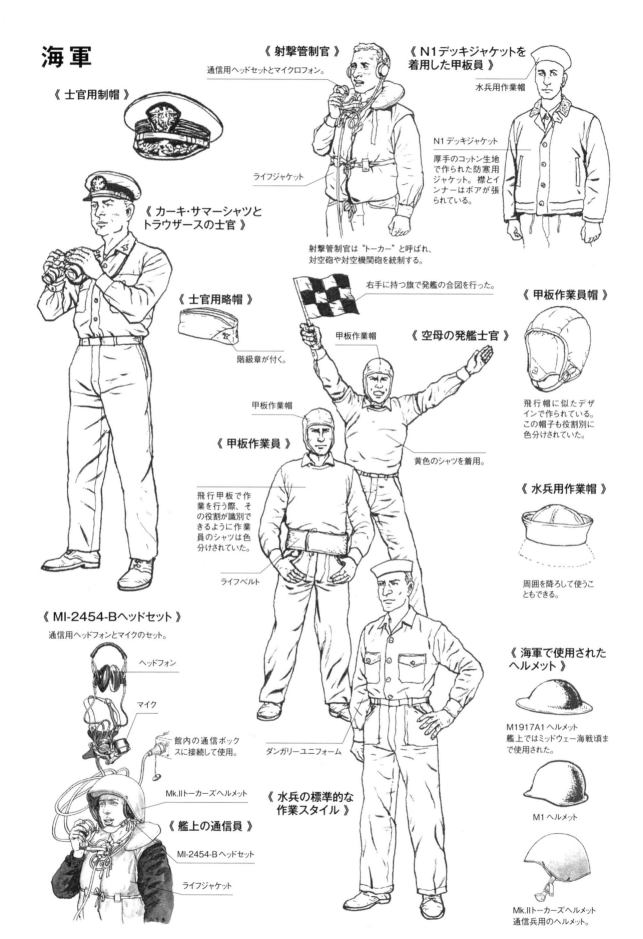

《 士官用制帽 》

《 射撃管制官 》
通信用ヘッドセットとマイクロフォン。

ライフジャケット

射撃管制官は"トーカー"と呼ばれ、対空砲や対空機関砲を統制する。

《 N1デッキジャケットを着用した甲板員 》
水兵用作業帽

N1デッキジャケット
厚手のコットン生地で作られた防寒用ジャケット。襟とインナーはボアが張られている。

《 カーキ・サマーシャツとトラウザースの士官 》

《 士官用略帽 》
階級章が付く。

右手に持つ旗で発艦の合図を行った。

甲板作業帽

《 空母の発艦士官 》

《 甲板作業員帽 》
飛行帽に似たデザインで作られている。この帽子も役割別に色分けされていた。

甲板作業帽

《 甲板作業員 》
飛行甲板で作業を行う際、その役割が識別できるように作業員のシャツは色分けされていた。

ライフベルト

黄色のシャツを着用。

《 水兵用作業帽 》
周囲を降ろして使うこともできる。

《 MI-2454-Bヘッドセット 》
通信用ヘッドフォンとマイクのセット。

ヘッドフォン

マイク

艦内の通信ボックスに接続して使用。

Mk.IIトーカーズヘルメット

《 艦上の通信員 》

MI-2454-Bヘッドセット

ライフジャケット

ダンガリーユニフォーム

《 水兵の標準的な作業スタイル 》

《 海軍で使用されたヘルメット 》

M1917A1ヘルメット
艦上ではミッドウェー海戦頃まで使用された。

M1ヘルメット

Mk.IIトーカーズヘルメット
通信兵用のヘルメット。

海軍の制服

《 士官 》

ボタンは金色で6個。

階級章は袖に入る。

サービスドレス・ブルー。士官、准士官用の冬季用勤務制服を着用。

《 下士官 》

下士官制帽。トップが白になっている。

階級章は左肩に付く。

ボタンは8個。

善行章
成績優秀者に授与された。

下士官の制服も将校に準じたサービスドレス・ブルーを着用。

《 海軍憲兵 》

SPの文字が入った腕章。

ピストルベルト
拳銃などで武装する場合もある。

警棒

レギンス
色は白またはカーキ。

アメリカ海軍憲兵部隊、通称SP（Shore Patrol）の水兵。海軍内の秩序維持や犯罪の取り締まりにあたる。

《 水兵 》

アメリカ海軍のセーラー服は、濃紺のウール生地製。リボンの色は黒になる。イラストでは、白の作業帽を被っているが、正装の場合はセーラー帽を被る。

アメリカ海軍の階級章

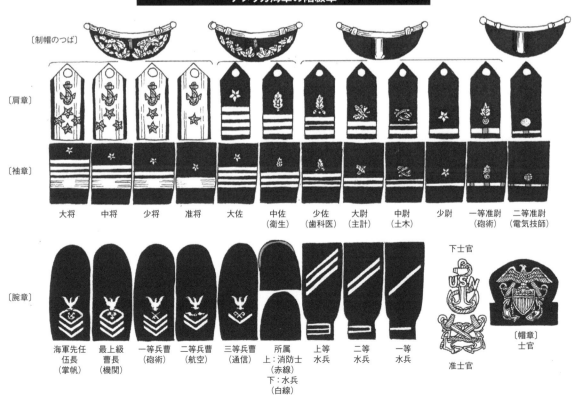

〔制帽のつば〕

〔肩章〕

〔袖章〕

大将	中将	少将	准将	大佐	中佐 （衛生）	少佐 （歯科医）	大尉 （主計）	中尉 （土木）	少尉	一等准尉 （砲術）	二等准尉 （電気技師）

〔腕章〕

海軍先任 伍長 （掌帆）	最上級 曹長 （機関）	一等兵曹 （砲術）	二等兵曹 （航空）	三等兵曹 （通信）	所属 上：消防士 （赤線） 下：水兵 （白線）	上等 水兵	二等 水兵	一等 水兵

下士官

USN

〔帽章〕
士官

准士官

イギリス軍

イギリス陸海空軍及び海兵隊の軍服は、他国と同様に礼服から野戦服など複数の種類が制定されていた。その中で共通して使用された野戦服がP37バトルドレス（海軍は1943年に制定）である。また、野戦用のP37装備も全軍で使用された。

ヨーロッパ戦線の陸軍兵士

ヨーロッパ戦線でイギリス陸軍が使用した軍装は、野戦服のP37（パターン1937）バトルドレスと
P37個人装備であり、ともに1937年に制定された。P37バトルドレスはカーキ色のウール生地で
作られており、上衣の丈が腰までの短ジャケット型のスタイルが特徴である。この野戦服は戦時中、
勤務服としても使用された。

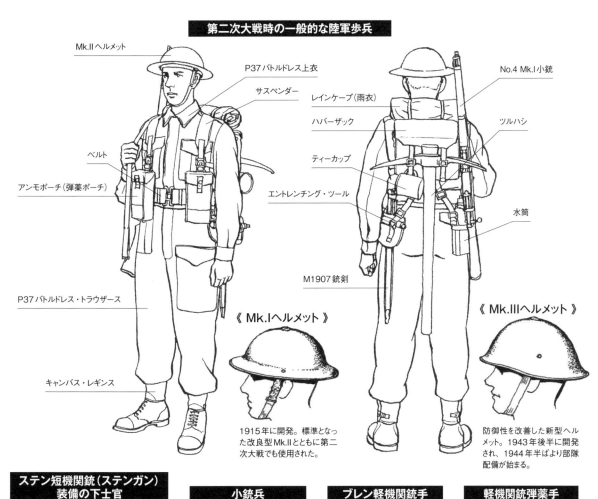

第二次大戦時の一般的な陸軍歩兵

Mk.IIヘルメット
P37バトルドレス上衣
サスペンダー
ベルト
アンモポーチ（弾薬ポーチ）
P37バトルドレス・トラウザース
キャンバス・レギンス

レインケープ（雨衣）
ハバーザック
ティーカップ
エントレンチング・ツール
M1907銃剣

No.4 Mk.I小銃
ツルハシ
水筒

《 Mk.Iヘルメット 》
1915年に開発。標準となった改良型Mk.IIとともに第二次大戦でも使用された。

《 Mk.IIIヘルメット 》
防御性を改善した新型ヘルメット。1943年後半に開発され、1944年半ばより部隊配備が始まる。

ステン短機関銃（ステンガン）装備の下士官

双眼鏡を入れたケースを右側に装着。

1個のアンモポーチにバンダリアごと小銃弾（50発）と手榴弾1個を収納。残りのポーチにはブレン軽機関銃のマガジン2本を収納した。

左側にアンモポーチを装着。

No.4 Mk.I小銃

ステンMk.II短機関銃

小銃兵

ブレン軽機関銃手

左右のアンモポーチにブレン軽機関銃マガジンを各2本収納。

ブレン軽機関銃用メンテナンスキット・ケース

軽機関銃弾薬手

軽機関銃の予備マガジンを専用のポーチに収容。

通常装備のポーチには、小銃兵と同様に小銃用弾薬と軽機関銃用マガジンを入れている。

《 ヘルメットの偽装バリエーション 》

土嚢袋などを利用した
反射止めのカバー。

野戦用に支給され
た偽装用ネット。

ネットに麻布を結び
付けた偽装方法。

《 拳銃用ホルスター 》

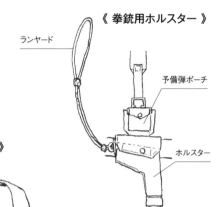

ランヤード

予備弾ポーチ

ホルスター

《 銃剣 》

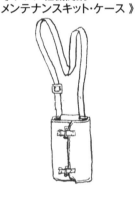

No.4 Mk.II銃剣
（スパイク型）

P1907銃剣

《 P37（パターン1937）個人装備 》

第二次大戦開戦から終
戦まで使われた装備。
カーキコットン製で金具
は真ちゅう製。任務な
どに合わせ、装備を組
み替えられるようシステ
ム化された装備だった。

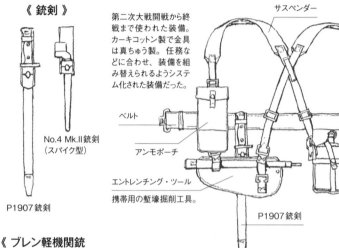

サスペンダー

アンモポーチ

ベルト

アンモポーチ

エントレンチング・ツール
携帯用の塹壕掘削工具。

P1907銃剣

水筒

《 ハバーザック 》

ハバーザックの背面

《 ブレン軽機関銃
メンテナンスキット・ケース 》

《 Mk.IIライトウェイト・レスピレー
ターバッグ（ガスマスクバッグ） 》

L型のストラップを使用してサ
スペンダーに固定するだけでな
く、単体で背負うことも可能。

サスペンダーを装着するとショルダー
バッグとしても使用できる。

ハバーザックの各種ツール携帯方法

スコップを内側に差して携帯。

スコップを外側に装着。

《 ブレン軽機関銃予備銃身ケース 》

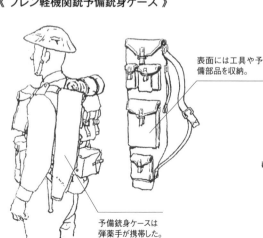

予備銃身ケースは
弾薬手が携帯した。

表面には工具や予
備部品を収納。

ブレン軽機関銃の
予備銃身をフラップ
内側に差している。

ツルハシ頭部を
ストラップで固定

北アフリカ戦線の陸軍兵士

イギリスは、アフリカや東南アジアに多くの植民地を有していたため、20世紀にまでにこれらの地域で使用する被服が発展し、第二次大戦では熱帯地域での活動に適した軍装を装備していた。

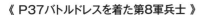

熱帯用ユニフォーム

《 P37バトルドレスを着た第8軍兵士 》

スコットランド部隊が被るタム・オ・シャンタ帽。

P37バトルドレスを着用。砂漠は夜間の寒暖差が激しく、ウール製の被服も使用された。

《 カーキドリル・ユニフォームを着た兵士 》

北アフリカ戦線のイギリス軍をイメージするコットン生地製の熱帯地域用のユニフォーム。イギリス本土の他、インドなどでも生産された。

シャツはプルオーバー・タイプ。

《 ブッシュジャケット 》

将校用の開襟型、熱帯用制服。

ショートパンツ

《 カーキドリル・ショートパンツ 》

ウエスト調整用ベルト。

右側にポケットが付属している。

フットレス・ソックス

ゲートル

アンクルブーツ

P37レギンス

《 アンクルブーツ 》

靴底には鋲が打たれている。

《 ゲートル 》

ウール製のゲートルを足首保護のため巻いている

《 P37レギンス 》

ゲートル以外にキャンバス製レギンスも使用。

北アフリカでもヨーロッパ戦線と同じモデルを使用した。

《 略帽 》 　《 制帽 》 　《 防暑帽 》  　《 カバー付きMk.Ⅱヘルメット 》

ヘルメットは、砂漠戦用にグリーンからタンやカーキ色に塗り直されている。イラストは布を利用したカバーを装着。

長距離砂漠挺身隊（LRDG）の隊員

寒暖差の激しい砂漠では軍用セーターも使用された。

バトル・ジャーキン
革製の防寒用ベスト。

《 Mk.Ⅱアイシールド 》

本来は化学戦の際に毒ガスから目を保護するゴーグルだったが、防塵用に使用された。また、このゴーグルをドイツ軍が鹵獲し、ロンメル将軍が使用したことから、"ロンメル・ゴーグル"とも呼ばれる。

《 ダスト・ゴーグル 》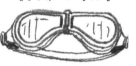

《 小銃用バンダリア 》

バトルドレス・トラウザース

アンクルブーツ

サスペンダーを片側だけ装着。

ランヤード

《 Mk.Ⅶレスピレーターと専用バッグ 》

イギリス軍はガスマスクをレスピレーターと呼称する。

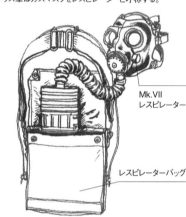

Mk.Ⅶ
レスピレーター

レスピレーターバッグ

拳銃弾用
アンモポーチ

ホルスター

ベルト

アンモポーチを使用しない場合にサスペンダーをベルトと連結するアタッチメント。

《 将校などがホルスターを携行する際のP37装備 》

《 P08パック 》

1908年に採用されたP08装備のP08パックは、第二次大戦でも使用された。なお、行軍用の大型パックのため、通常戦闘時には装備しなかった。

フラップ部分にレインケープとティーカップを装着。

P08パックにサポートストラップを付けた状態。

サポートストラップ

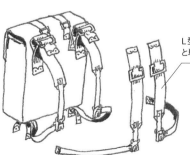

L型ストラップをP08パックに装着すると単体での使用が可能。

戦車兵

イギリス戦車兵の基本的な服は、歩兵と同じP37バトルドレスだが、他に熱帯用被服や装甲車両用の
デニム生地のオーバーオール、冬季用防寒オーバーオール、さらにその迷彩バージョンなども使用した。

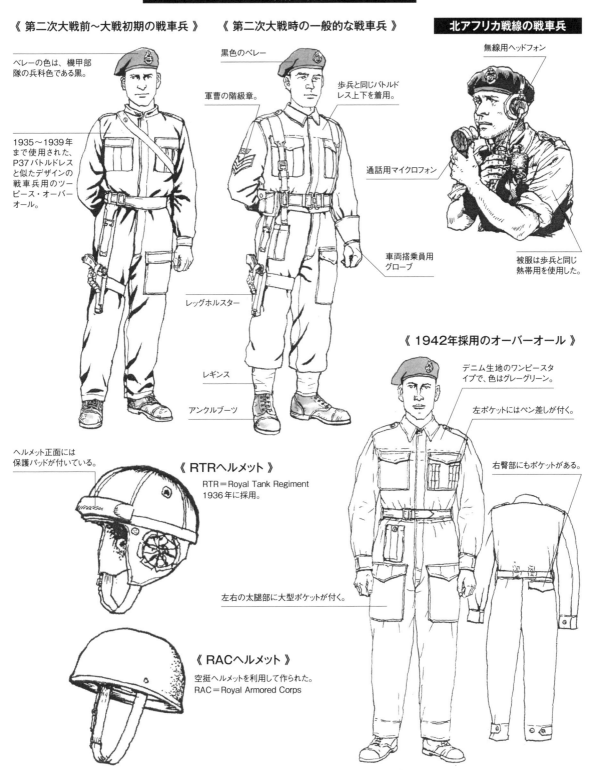

ヨーロッパ戦線の戦車兵

《 第二次大戦前～大戦初期の戦車兵 》

ベレーの色は、機甲部
隊の兵科色である黒。

1935～1939年
まで使用された、
P37バトルドレス
と似たデザインの
戦車兵用のツー
ピース・オーバー
オール。

《 第二次大戦時の一般的な戦車兵 》

黒色のベレー

軍曹の階級章。

歩兵と同じバトルド
レス上下を着用。

通話用マイクロフォン

車両搭乗員用
グローブ

レッグホルスター

レギンス

アンクルブーツ

北アフリカ戦線の戦車兵

無線用ヘッドフォン

被服は歩兵と同じ
熱帯用を使用した。

《 1942年採用のオーバーオール 》

デニム生地のワンピースタ
イプで、色はグレーグリーン。

左ポケットにはペン差しが付く。

右臀部にもポケットがある。

ヘルメット正面には
保護パッドが付いている。

《 RTRヘルメット 》
RTR＝Royal Tank Regiment
1936年に採用。

左右の太腿部に大型ポケットが付く。

《 RACヘルメット 》
空挺ヘルメットを利用して作られた。
RAC＝Royal Armored Corps

《 1943年に採用されたオーバーオール 》

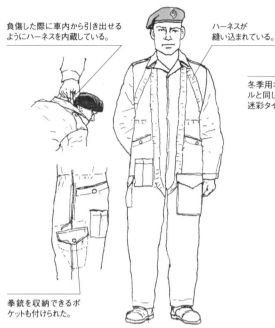

負傷した際に車内から引き出せるようにハーネスを内蔵している。

ハーネスが縫い込まれている。

拳銃を収納できるポケットも付けられた。

《 冬季用迷彩オーバーオール 》

他のイギリス連邦軍も迷彩パターンは異なるが、同様のオーバーオールを採用している。

冬季用オーバーオールと同じデザインの迷彩タイプ。

《 冬季用オーバーオール 》

大戦後期になるとヘルメットを着用する戦車兵が多くなった。

フロントのファスナーは、着脱が容易なダブルファスナー式。

色はカーキ色。防寒のため裏地にウールのライニングが付いている。

襟は2本のストラップで留め、閉じることができた。

襟を開いた状態。

肘と臀部は補強されている。

《 フードを装着した冬季用オーバーオール 》

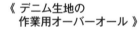

着脱式のフード。

冷気が入らないようにファスナーはフラップでカバーされている。

拳銃用アンモポーチ

ホルスター

《 デニム生地の作業用オーバーオール 》

《 コットン生地の作業オーバーオール 》

《 オーバーオール用のフード 》

ドットボタンで着脱できる。

フード前面を絞るためのドローコード。

空挺部隊員

ノルマンディー上陸作戦やマーケット・ガーデン作戦で有名なイギリス空挺部隊。彼らが使用した
軍装は、空挺降下と降下後の戦闘に特化したものだった。

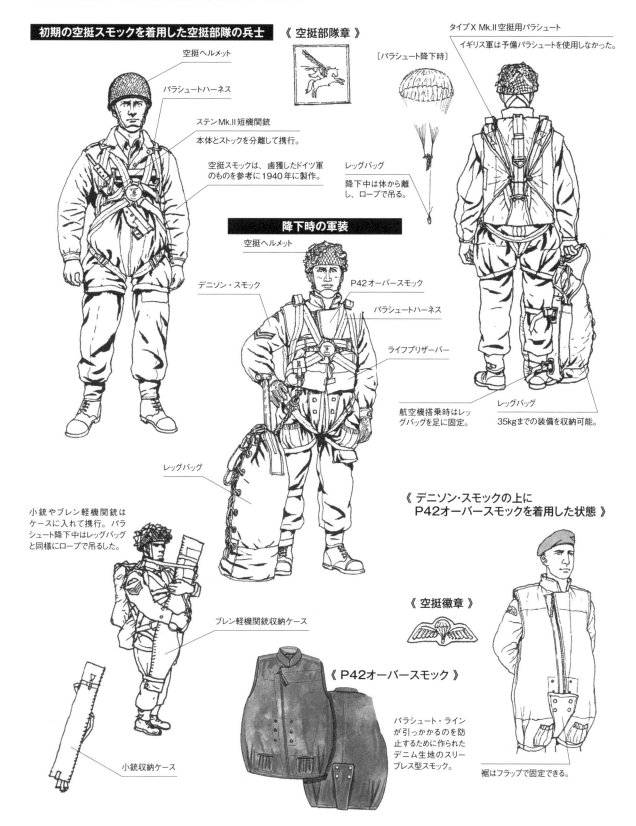

初期の空挺スモックを着用した空挺部隊の兵士

空挺ヘルメット

パラシュートハーネス

ステンMk.II短機関銃
本体とストックを分離して携行。

空挺スモックは、鹵獲したドイツ軍
のものを参考に1940年に製作。

《 空挺部隊章 》

〔パラシュート降下時〕

タイプX Mk.II空挺用パラシュート
イギリス軍は予備パラシュートを使用しなかった。

レッグバッグ
降下中は体から離
し、ロープで吊る。

レッグバッグ
35kgまでの装備を収納可能。

降下時の軍装

空挺ヘルメット

デニソン・スモック

P42オーバースモック

パラシュートハーネス

ライフプリザーバー

航空機搭乗時はレッ
グバッグを足に固定。

レッグバッグ

小銃やブレン軽機関銃は
ケースに入れて携行。パラ
シュート降下中はレッグバッグ
と同様にロープで吊るした。

ブレン軽機関銃収納ケース

小銃収納ケース

《 P42オーバースモック 》

パラシュート・ライン
が引っかかるのを防
止するために作られた
デニム生地のスリー
ブレス型スモック。

《 デニソン・スモックの上に
P42オーバースモックを着用した状態 》

《 空挺徽章 》

裾はフラップで固定できる。

《 空挺部隊ベレー 》　《 訓練用降下ヘルメット 》　　　　　　《 空挺ヘルメット 》

色はマルーン。

ベレーの徽章

カーキ色のコットン生地製。ゴム製パッドが内蔵され、その形状から"ラバーバンパー"と呼ばれた。

初期型　　　中期型　　　後期型

革製チンストラップ　コットン製チンストラップ

《 デニソン・スモック初期型 》　《 デニソン・スモック後期型 》

後期型の袖は筒形で、袖口を絞るフラップが付く。多くの兵士は袖口から風が入るのを防ぐため、ソックスを利用して初期型と同じような袖に改造した。

《 野戦行軍装備 》

ポケットの取り付け方を変更。

1942年に採用されたプルオーバーの空挺部隊用迷彩スモック。

フラップを固定するためのドットボタンを追加。

1944年に改良されたセカンド・タイプ。裾のめくれ防止フラップは、使用しないときに固定できるように背部にドットボタンが増設された。

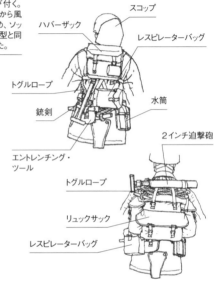

スコップ
ハバーザック
レスピレーターバッグ
トグルロープ
銃剣
水筒
2インチ迫撃砲
エントレンチング・ツール
トグルロープ
リュックサック
レスピレーターバッグ

空挺部隊兵士の戦闘装備

《 兵/下士官 》　　　《 将校 》

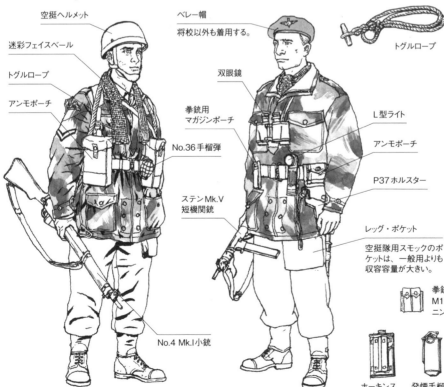

空挺ヘルメット
迷彩フェイスベール
トグルロープ
アンモポーチ

ベレー帽
将校以外も着用する。

双眼鏡

拳銃用マガジンポーチ

No.36手榴弾

ステンMk.V短機関銃

No.4 Mk.I小銃

トグルロープ

L型ライト
アンモポーチ
P37ホルスター
レッグ・ポケット
空挺隊用スモックのポケットは、一般用よりも収容容量が大きい。

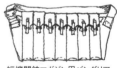
小銃用バンダリア

短機関銃マガジン用バンダリア

P37ホルスターリボルバー用とオートマチック拳銃兼用モデルがあった。

拳銃用マガジンポーチM1911A1または、ブローニング・ハイパワー用。

リボルバー用アンモポーチ

ホーキンス対戦車地雷

発煙手榴弾

ガモン手榴弾（対戦車用）

No.36手榴弾

コマンド部隊

イギリス軍の特殊部隊コマンドは、奇襲・強襲攻撃によりドイツ占領地下にある
軍事拠点の破壊などを行うため1940年に創設された。

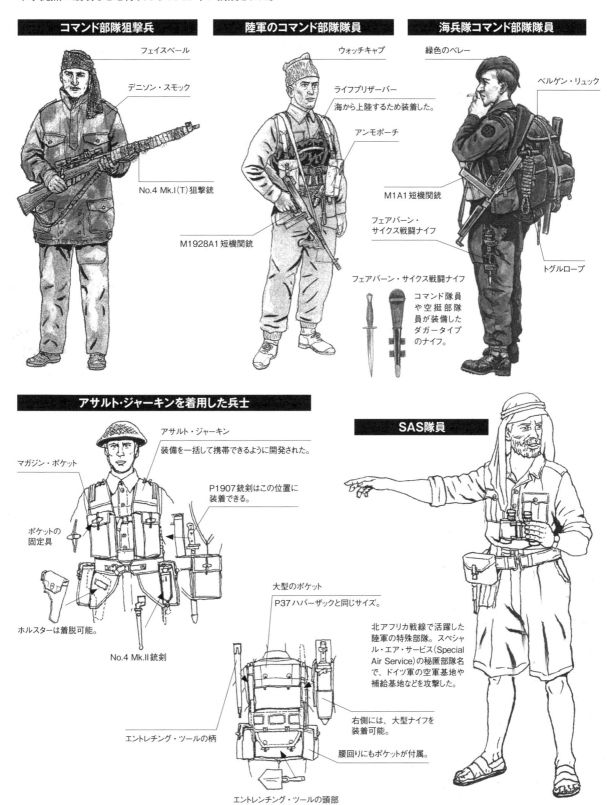

コマンド部隊狙撃兵

フェイスベール

デニソン・スモック

No.4 Mk.I(T)狙撃銃

陸軍のコマンド部隊隊員

ウォッチキャップ

ライフプリザーバー
海から上陸するため装着した。

アンモポーチ

M1928A1 短機関銃

海兵隊コマンド部隊隊員

緑色のベレー

ベルゲン・リュック

M1A1 短機関銃

フェアバーン・
サイクス戦闘ナイフ

トグルロープ

フェアバーン・サイクス戦闘ナイフ

コマンド隊員
や空挺部隊
員が装備した
ダガータイプ
のナイフ。

アサルト・ジャーキンを着用した兵士

マガジン・ポケット

アサルト・ジャーキン
装備を一括して携帯できるように開発された。

P1907銃剣はこの位置に
装着できる。

ポケットの
固定具

ホルスターは着脱可能。

No.4 Mk.II銃剣

SAS隊員

大型のポケット
P37ハバーザックと同じサイズ。

北アフリカ戦線で活躍した
陸軍の特殊部隊。スペシャ
ル・エア・サービス(Special
Air Service)の秘匿部隊名
で、ドイツ軍の空軍基地や
補給基地などを攻撃した。

右側には、大型ナイフを
装着可能。

腰回りにもポケットが付属。

エントレンチング・ツールの柄

エントレンチング・ツールの頭部

イギリス極東方面軍

日本軍のマレー作戦に対応したのは、イギリス極東方面軍司令部に所属し、マレー半島及びシンガポールを防衛するマレー軍だった。マレー軍の陸軍部隊は、イギリス、インド、オーストラリア軍の陸軍部隊などで編制されていた。他に太平洋戦争開戦時、香港、ビルマの部隊もイギリス極東方面軍の指揮下にあった。

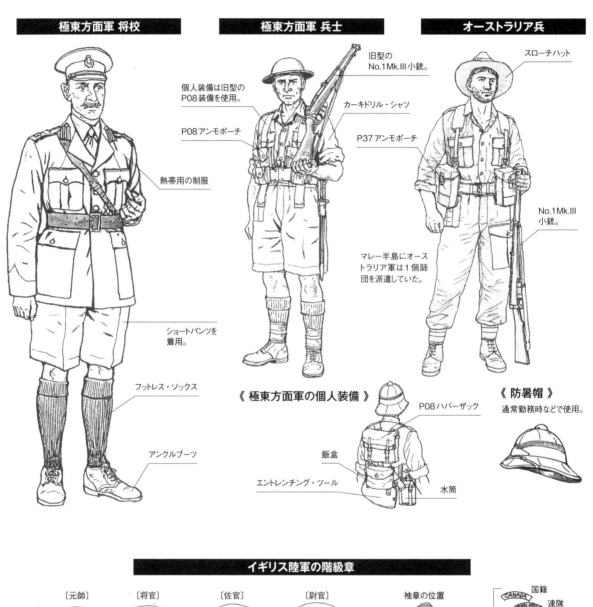

極東方面軍 将校

- 熱帯用の制服
- ショートパンツを着用。
- フットレス・ソックス
- アンクルブーツ

極東方面軍 兵士

- 個人装備は旧型のP08装備を使用。
- P08アンモポーチ
- 旧型のNo.1 Mk.III小銃。
- カーキドリル・シャツ
- P37アンモポーチ

オーストラリア兵

- スローチハット
- No.1 Mk.III小銃。
- マレー半島にオーストラリア軍は1個師団を派遣していた。

《 極東方面軍の個人装備 》
- P08ハバーザック
- 飯盒
- エントレンチング・ツール
- 水筒

《 防暑帽 》
通常勤務時などで使用。

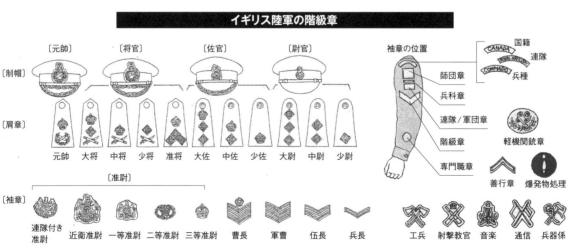

イギリス陸軍の階級章

	〔元帥〕	〔将官〕			〔佐官〕			〔尉官〕		
〔制帽〕										
〔肩章〕	元帥	大将	中将	少将	准将	大佐	中佐	少佐	大尉	中尉	少尉

〔准尉〕

〔袖章〕	連隊付き准尉	近衛准尉	一等准尉	二等准尉	三等准尉	曹長	軍曹	伍長	兵長

袖章の位置
- 国籍
- 連隊
- 兵種
- 師団章
- 兵科章
- 連隊／軍団章
- 階級章
- 専門職章

- 軽機関銃章
- 善行章
- 爆発物処理

- 工兵
- 射撃教官
- 音楽
- 通信
- 兵器係

海軍

長い歴史を持つイギリス海軍の軍装は、制服から作業服まで階級と任務に合わせて様々な種類が用意されていた。

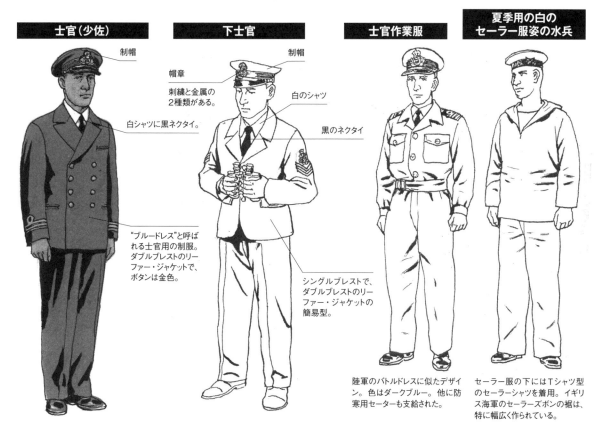

士官（少佐）

制帽

白シャツに黒ネクタイ。

"ブルードレス"と呼ばれる士官用の制服。ダブルブレストのリーファー・ジャケットで、ボタンは金色。

下士官

制帽

帽章
刺繍と金属の2種類がある。

白のシャツ

黒のネクタイ

シングルブレストで、ダブルブレストのリーファー・ジャケットの簡易型。

士官作業服

陸軍のバトルドレスに似たデザイン。色はダークブルー。他に防寒用セーターも支給された。

夏季用の白のセーラー服姿の水兵

セーラー服の下にはTシャツ型のセーラーシャツを着用。イギリス海軍のセーラーズボンの裾は、特に幅広く作られている。

イギリス海軍の階級章

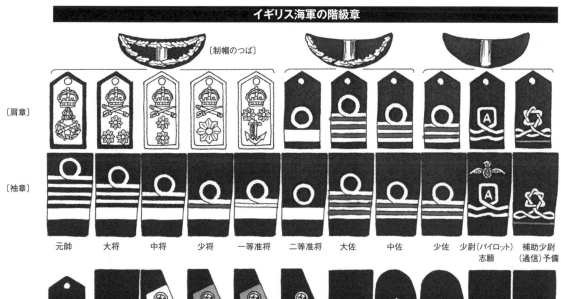

〔制帽のつば〕

〔肩章〕

〔袖章〕

元帥　大将　中将　少将　一等准将　二等准将　大佐　中佐　少佐　少尉（パイロット）志願　補助少尉（通信）予備

准士官〔肩章〕　准士官〔袖章〕　見習士官　見習士官（予備）　見習士官（志願）義勇　候補生　上級兵曹　兵曹　水兵長　二等士官　医療管理者

海軍婦人部隊

空軍

イギリス空軍は、バトル・オブ・ブリテンやドイツ本土空襲など、
空の戦いで活躍。航空機搭乗員は、各種装備に身を包み出撃した。

《 空軍制服のパイロット 》

戦闘機パイロットは、ブルーグレーの制服の
上にパラシュートハーネスやライフプリザー
バーを装着して出撃することが多かった。

《 搭乗員用フライトスーツ 》

制服の上から着用するが、戦闘機パイロット
にはあまり好まれなかったという。

《 アービンジャケット着用のパイロット 》

高高度用の防寒フライトジャケット。爆撃機搭乗
員の他、戦闘機パイロットも冬季に使用した。

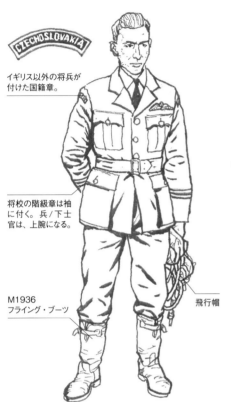

イギリス以外の将兵が
付けた国籍章。

将校の階級章は袖
に付く。兵／下士
官は、上腕になる。

M1936
フライング・ブーツ

飛行帽

《 C-2シート型パラシュート 》

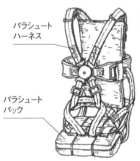

パラシュート
ハーネス

パラシュート
バック

戦闘機などで使
用されたシート型
パラシュート。パ
ラシュートパック
は座席のクッション
にもなった。

《 M1932ライフプリザーバー 》

黄色のコットン生
地で作られ、内部
にゴム製の気嚢が
収納されている。

FRONT

FRONT

Mk.IVゴーグル
（バイザー付き）

《 B型飛行帽 》

革製やコットン生地などの
種類があり、地域や季節
により使い分けられた。

酸素マスク（布製）

酸素ホース

無線用コード

《 RAF義勇兵パイロット章 》

不足するパイロットを補うため、当時イギリスに亡命していた各国の
パイロットを義勇兵として空軍に編入させ、義勇航空隊を編制した。

チェコ

ポーランド

ノルウェー

自由フランス

オランダ

ベルギー

《 アービンジャケットを着用した航空機搭乗員 》

B型飛行帽　　　　Mk.IVゴーグル

パラシュートハーネスはチェストタイプ。

アービンジャケット
シープスキンの毛皮を使用した防寒ジャケット。

《 制服に飛行装備を装着した航空機搭乗員 》

爆撃機などで使用されたチェスト型パラシュートハーネス

《 熱帯地服着用の空軍中尉 》

将校の階級章は
肩章となる。

パラシュートパック

イギリス空軍の階級章

制帽用帽章　　金属帽章　　一等准尉

二等准尉

曹長

大佐　　大尉

パイロット章

N

航法士章

中佐　　中尉

軍曹

航空機搭乗員章

少佐　　少尉

伍長

《 4ポケット型の制服 》
制帽、制服ともに色
はブルーグレー。

《 P37バトルドレス 》
空軍用はブルーグレー色
の生地で作られている。

ソ連軍

第一次大戦後、ロシア革命による内戦や干渉戦争を経て誕生したソ連陸軍の軍装は、1935年から1943年までの間に、3回にわたる大規模な改定が行なわれている。それらにより、軍服は帝政時代のスタイルが廃止されたり、デザインの一部が復活するなど、戦時体制下で変化を遂げてきた。第二次大戦のソ連兵をイメージする詰襟の軍服、ギムナスチョルカもこの時代に採用されている。

第二次大戦開戦時　1939～1941年の歩兵

ソ連陸軍の将兵が開戦当時に使用していた軍装は、1935年の大規模な改定により制定された
軍装を使用していた。フィンランドとの戦争から独ソ戦の緒戦までこの軍装で戦っている。

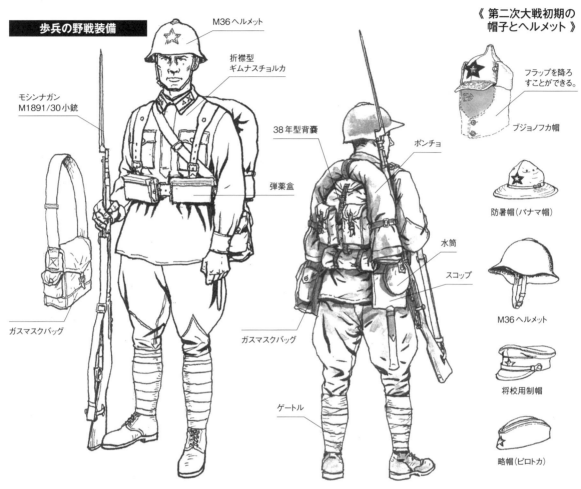

歩兵の野戦装備

- M36ヘルメット
- 折襟型ギムナスチョルカ
- モシンナガン M1891/30小銃
- 38年型背囊
- ポンチョ
- 弾薬盒
- 水筒
- スコップ
- ガスマスクバッグ
- ガスマスクバッグ
- ゲートル

《 第二次大戦初期の帽子とヘルメット 》

- フラップを降ろすことができる。
- ブジョノフカ帽
- 防暑帽（パナマ帽）
- M36ヘルメット
- 将校用制帽
- 略帽（ピロトカ）

《 オーバーコート着用の兵士 》

1922年型ブジョノフカ帽

ブジョノフカ帽は、1940年に廃止された。

《 将校の野戦軍装 》

- 制帽
- 折襟型ギムナスチョルカ
- 将校用ベルト（斜革付き）
- 拳銃用ホルスター
- 双眼鏡ケース
- マップケース

《 パナマ帽を被った将校 》

パナマ帽は亜熱帯用の防暑帽として採用された。

１９４３年以降の歩兵

1943年の服装規定改正では、将兵の士気を鼓舞するため被服の肩章などに帝政時代のデザインが復活する。また、M40ヘルメットの採用や長靴が普及するなどスタイルが一新されていく。

歩兵の基本スタイル

- 略帽
- 詰襟型ギムナスチョルカ
- ガスマスクバッグ
- 弾薬盒 茶色の革袋。
- モシンナガンM1891/30小銃
- 長靴
- ポンチョ
- 1941年型背嚢
- スコップ
- ガスマスクバッグ
- 帽章
- 略帽
- 1943年制定の肩章

《 詰襟型ギムナスチョルカ 》

ギムナスチョルカは、1943年の服装規定の改正により詰襟型に改修。階級章は肩章型に変更された。採用当初、兵／下士官型にはポケットは設けられていない。

《 綿ズボン 》

膝部分は生地を二重にして補強。背面の腰部にはウエストサイズ調整ベルトが付属する。

《 銃剣（スパイク・バイヨネット） 》

ソ連軍の銃剣は、帝政ロシア時代からスパイク型を使用している。これは、分厚い防寒装備の上から突き刺すためであった。

《 モシンナガン小銃用弾薬盒 》

各ポケットに5発装填クリップ3個を収納できる。

《 1940年型ガスマスクバッグ 》

《 兵用革ベルトと装備 》

- スコップ
- 水筒
- 弾薬盒
- 水筒カバー

《 背嚢 》

カーキキャンバス生地製。ショルダーストラップは、ベルトに連結できてサスペンダーの役割も兼ねている。

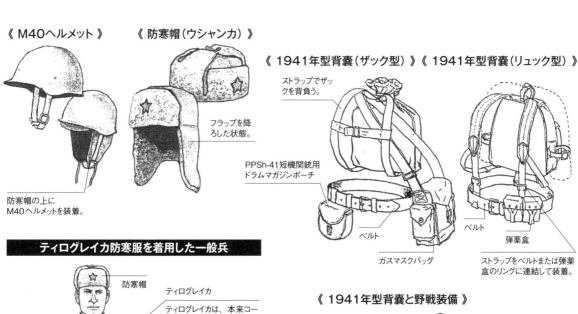

《 M40ヘルメット 》　　《 防寒帽（ウシャンカ）》

フラップを降ろした状態。

防寒帽の上にM40ヘルメットを装着。

《 1941年型背嚢（ザック型）》《 1941年型背嚢（リュック型）》

ストラップでザックを背負う。

PPSh-41短機関銃用ドラムマガジンポーチ

ベルト

ガスマスクバッグ

ベルト

弾薬盒

ストラップをベルトまたは弾薬盒のリングに連結して装着。

ティログレイカ防寒服を着用した一般兵

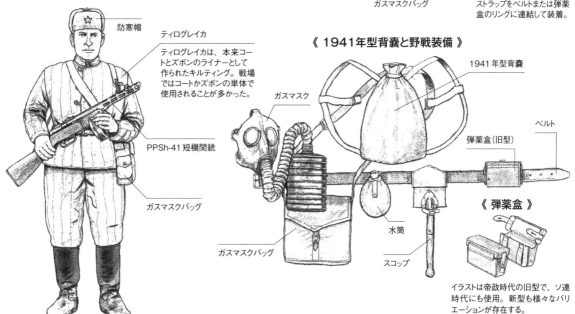

防寒帽

ティログレイカ

ティログレイカは、本来コートとズボンのライナーとして作られたキルティング。戦場ではコートかズボンの単体で使用されることが多かった。

PPSh-41 短機関銃

ガスマスクバッグ

《 1941年型背嚢と野戦装備 》

1941年型背嚢

ガスマスク

弾薬盒（旧型）

ベルト

ガスマスクバッグ

水筒

スコップ

《 弾薬盒 》

イラストは帝政時代の旧型で、ソ連時代にも使用。新型も様々なバリエーションが存在する。

ティログレイカを着用した将校

レインケープを羽織った軽機関銃手

PPSh-41 短機関銃携行の将校

オーバーコート姿の兵士

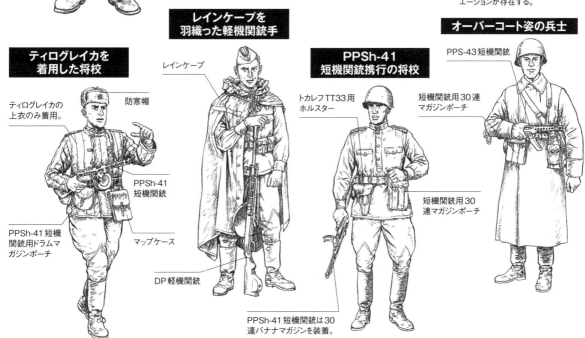

ティログレイカの上衣のみ着用。

防寒帽

PPSh-41短機関銃

PPSh-41短機関銃用ドラムマガジンポーチ

マップケース

レインケープ

DP軽機関銃

トカレフTT33用ホルスター

PPSh-41短機関銃は30連バナナマガジンを装着。

PPS-43短機関銃

短機関銃用30連マガジンポーチ

短機関銃用30連マガジンポーチ

戦車兵

戦車兵の軍装は、1930年代に専用軍装の整備が始まり、第二次大戦までに野戦に適した軍装が制定されていった。しかし、統一した軍装が整う前に独ソ戦が始まり、生産と補給に混乱を生じさせた。この結果、大戦中に制定されたアイテムを含め様々なバリエーションが存在する。

1930年代の戦車兵

《 オーバーコートの中佐 》

ブジョノフカ

折襟型ギムナスチョルカの通常勤務服

《 1939年ノモンハン事変の軍装 》

パナマ帽

1935年制定のギムナスチョルカ

《 1939年秋頃の戦車兵 》

戦車帽

折襟型ギムナスチョルカ

《 1939年 陸軍技術本部員 》

略帽

コットン製のつなぎを着用。

1931年に採用された初期の革製戦車帽。

コットン製のつなぎ色は紺色、黒、グレーなど。

戦車兵用革製コート

儀礼用制服

《 1930年代初期の戦車兵 》

《 1936～1940年 陸軍少佐 》

《 1936～1940年 機甲部隊大佐 》

1941年以降の戦車兵

《 親衛機甲部隊大尉 》

《 標準的なスタイルの戦車兵 》

ゴーグル付きの戦車帽

戦車帽

カーキ色の
つなぎ服を着用。

革製コートを着用。

下に折襟型のギムナ
スチョルカを着用。

詰襟型
ギムナスチョルカを着用。

冬季用戦車帽

ブルーグレーのつなぎ服
装甲車両乗員用つ
なぎ服は、色やデザ
インが異なるバリエー
ションが多い。

防寒帽

詰襟型
ギムナスチョルカを着用。

オーバーコートを
着用。

防寒コートの
ポルシューボクを
着用。

《 1944年冬
機甲部隊少尉 》

通常勤務服キーチェリを着用。

《 1943年秋 親衛機甲部隊少佐 》

《 1941年秋 野戦スタイルの機甲部隊少将 》

《 機甲部隊上級中尉 》

《 第二次大戦中に使われた戦車帽のバリエーション 》

戦車帽は、黒革またはカーキや黒の布製。いずれも基本デザインは同じであるが、頭部クッションパッドの形状やチンストラップの留め方、後頭部にあるサイズ調整ストラップなど細部の作りが異なっている。

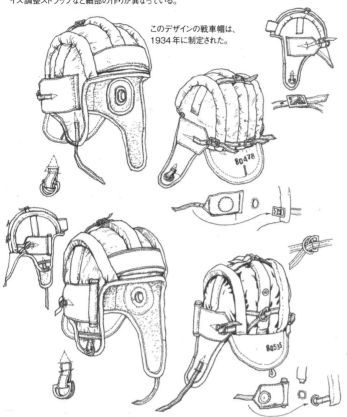

このデザインの戦車帽は、1934年に制定された。

80478

80535

《 戦車帽の携行例 》

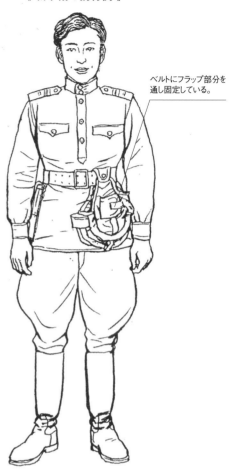

ベルトにフラップ部分を通し固定している。

《 防塵用ゴーグル 》

ゴーグルは、簡易的なものから航空用まで様々な種類が使用されている。

《 ティログレイカ上衣を着用した戦車兵 》

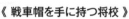

ティログレイカ上衣

ティログレイカは、狭い戦車内ではコートなどより動きやすいため戦車兵も使用した。

つなぎ

《 戦車帽を手に持つ将校 》

制帽にゴーグルを装着している。

《 1945年ベルリン戦の戦車兵 》

黒革製のジャケット

一部の部隊のみで使用された。

狙撃兵

第二次大戦においてソ連軍狙撃兵は、少数の攻撃でドイツ軍部隊の進撃を遅滞させるなど活躍しているが、特にスターリングラードなどの市街地における戦いでその威力を発揮した。また、狙撃兵の中には数多くの女性兵士もおり、その名を歴史に残している。

《 独ソ戦初期の狙撃兵 》

偽装を兼ねたレインケープを着用。

布を巻いてモシンナガンM1891/30狙撃銃を偽装している。

《 迷彩つなぎを着た狙撃兵 》

迷彩は"アメーバーパターン"と呼ばれる。

OP型M1940スコープを装着したトカレフSVT-40半自動小銃を使用。

《 1943年のクルスク戦の女性狙撃兵 》

PEスコープ付きモシンナガンM1891/30狙撃銃

迷彩つなぎ

《 雪中迷彩服の女性狙撃兵 》

防寒被服の上から白い雪中迷彩服を着用。

ブーツは羊毛のフェルト製の防寒ブーツ。

《 通常勤務服の女性狙撃兵 》

女性用タイプのギムナスチョルカ。

歩兵科以外の兵士

歩兵、戦車兵以外の空挺部隊や偵察部隊、工兵部隊などの将兵の野戦服は、基本的に歩兵部隊と同じだったが、独自の装備も使用していた。また、レニングラードなどでは海軍の水兵で編制された海軍歩兵も陸上戦に参加している。

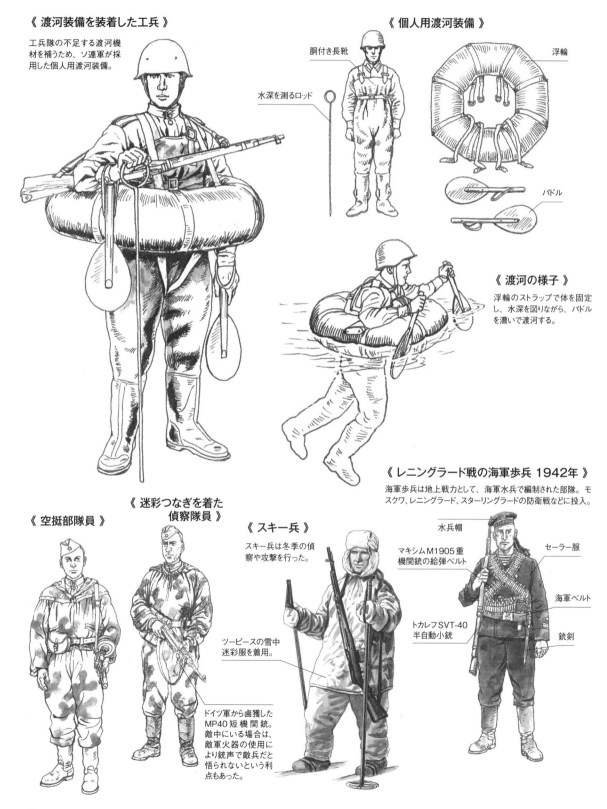

《 渡河装備を装着した工兵 》

工兵隊の不足する渡河機材を補うため、ソ連軍が採用した個人用渡河装備。

《 個人用渡河装備 》

胴付き長靴

水深を測るロッド

浮輪

パドル

《 渡河の様子 》

浮輪のストラップで体を固定し、水深を図りながら、パドルを漕いで渡河する。

《 レニングラード戦の海軍歩兵 1942年 》

海軍歩兵は地上戦力として、海軍水兵で編制された部隊。モスクワ、レニングラード、スターリングラードの防衛戦などに投入。

水兵帽

マキシムM1905重機関銃の給弾ベルト

セーラー服

海軍ベルト

トカレフSVT-40半自動小銃

銃剣

《 空挺部隊員 》

《 迷彩つなぎを着た偵察隊員 》

ツーピースの雪中迷彩服を着用。

ドイツ軍から鹵獲したMP40短機関銃。敵中にいる場合は、敵軍火器の使用により銃声で敵兵だと悟られないという利点もあった。

《 スキー兵 》

スキー兵は冬季の偵察や攻撃を行った。

将校の基本スタイル

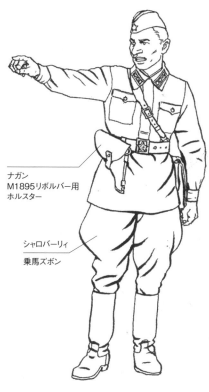

《 1935年制定のギムナスチョルカに
乗馬ズボンスタイルの将校 》

ナガン
M1895リボルバー用
ホルスター

シャロバーリィ
乗馬ズボン

《 制帽に1943年制定
ギムナスチョルカを着用した将校 》

斜革ベルトと
ホルスターを装着

マップケースを携行。

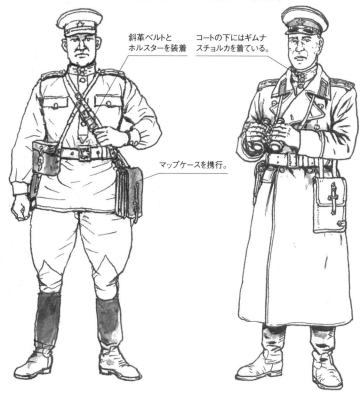

《 将校用革製オーバーコートを
着用した将校 》

コートの下にはギムナ
スチョルカを着ている。

ソ連陸軍の階級章

〔将校〕

〔兵〕

襟章の台座は兵科色。
制帽のバンドも兵科色
になる。

ラズベリーレッド=歩兵
赤=機甲
黒=工兵
青=騎兵

階級は肩章式になる。
肩章の色が兵科色。
また、兵科章も付く。

《 1935〜1942年 》

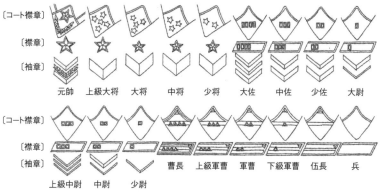

〔コート襟章〕

〔襟章〕

〔袖章〕

元帥　上級大将　大将　中将　少将　大佐　中佐　少佐　大尉

〔コート襟章〕

〔襟章〕

〔袖章〕

上級中尉　中尉　少尉　　曹長　上級軍曹　軍曹　下級軍曹　伍長　兵

《 1943年以降 》

〔肩章〕

元帥　上級
大将　大将　中将　少将　大佐　中佐　少佐　大尉　上級
中尉　中尉　少尉

〔肩章〕

曹長　上級
軍曹　軍曹　下級
軍曹　伍長　兵

フランス軍

1930年代は、各国の軍装が変化を遂げた時代だった。フランス陸軍も第一次大戦で使用していた〝ホライゾン・ブルー〟と呼ばれる青色の軍服から、野戦に適したカーキ色を基調とした軍服に統一された。第二次大戦が勃発し、ドイツに敗れたフランス兵たちはイギリスに逃れ、自由フランス軍を編制し、アメリカ軍あるいはイギリス軍式の軍装を身にまとい大戦後半を戦った。

1939〜1940年の陸軍歩兵

第二次大戦が勃発した1939年、フランス軍の歩兵軍装は第一次大戦と同型か、それらを改良したものだった。1940年5月のフランス戦においてもほとんど軍装の更新は進んでおらず、旧式な装備で最新装備のドイツ軍と戦うことになった。

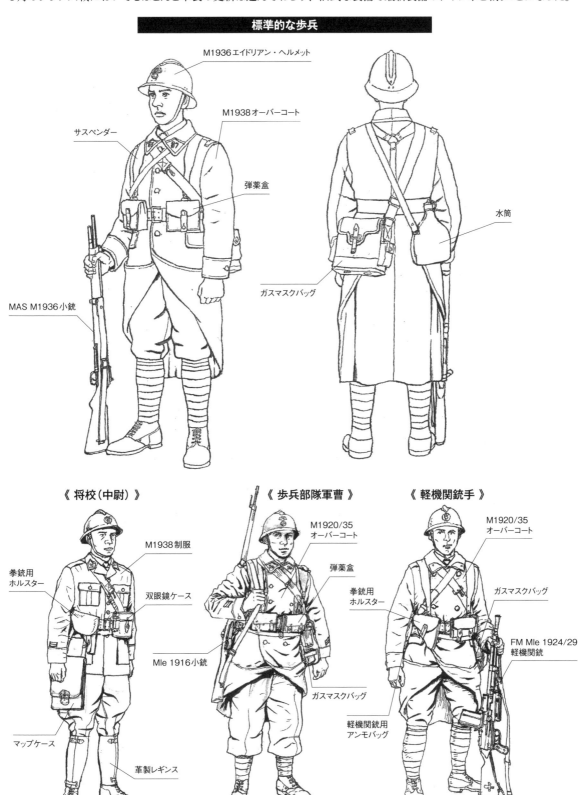

標準的な歩兵

M1936エイドリアン・ヘルメット

M1938オーバーコート

サスペンダー

弾薬盒

水筒

ガスマスクバッグ

MAS M1936小銃

《 将校（中尉） 》

M1938制服

拳銃用ホルスター

双眼鏡ケース

Mle 1916小銃

マップケース

革製レギンス

《 歩兵部隊軍曹 》

M1920/35オーバーコート

弾薬盒

拳銃用ホルスター

ガスマスクバッグ

《 軽機関銃手 》

M1920/35オーバーコート

ガスマスクバッグ

FM Mle 1924/29軽機関銃

軽機関銃用アンモバッグ

《 M1936エイドリアン・ヘルメット 》

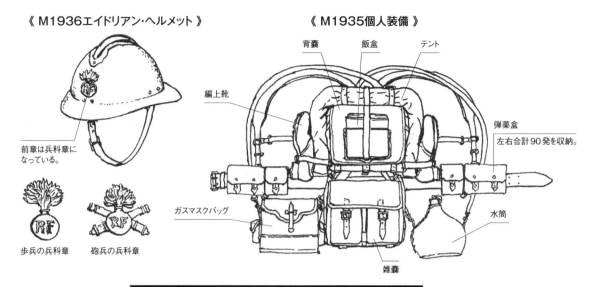

前章は兵科章に
なっている。

歩兵の兵科章　　砲兵の兵科章

《 M1935個人装備 》

背嚢　　飯盒　　テント

編上靴

弾薬盒
左右合計90発を収納。

水筒

ガスマスクバッグ

雑嚢

歩兵の完全軍装

フランス軍は伝統的に野戦服として戦
場でオーバーコートを使用してきた。

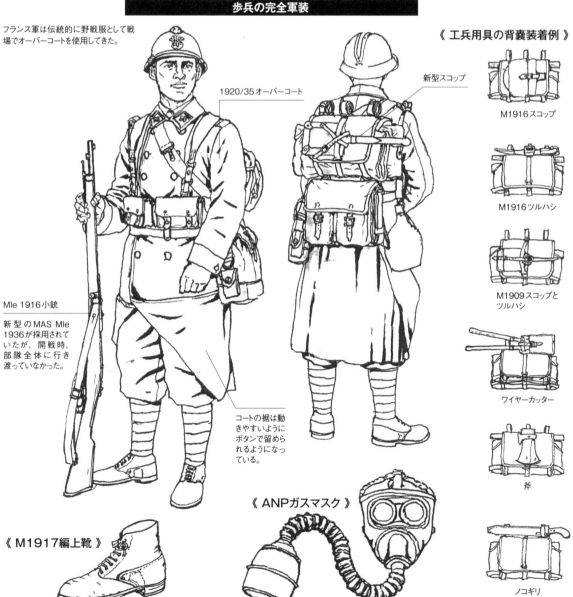

1920/35オーバーコート

Mle 1916小銃

新型の MAS Mle
1936が採用されて
いたが、開戦時、
部隊全体に行き
渡っていなかった。

コートの裾は動
きやすいように
ボタンで留めら
れるようになっ
ている。

《 工兵用具の背嚢装着例 》

新型スコップ

M1916スコップ

M1916ツルハシ

M1909スコップと
ツルハシ

ワイヤーカッター

斧

ノコギリ

《 ANPガスマスク 》

《 M1917編上靴 》

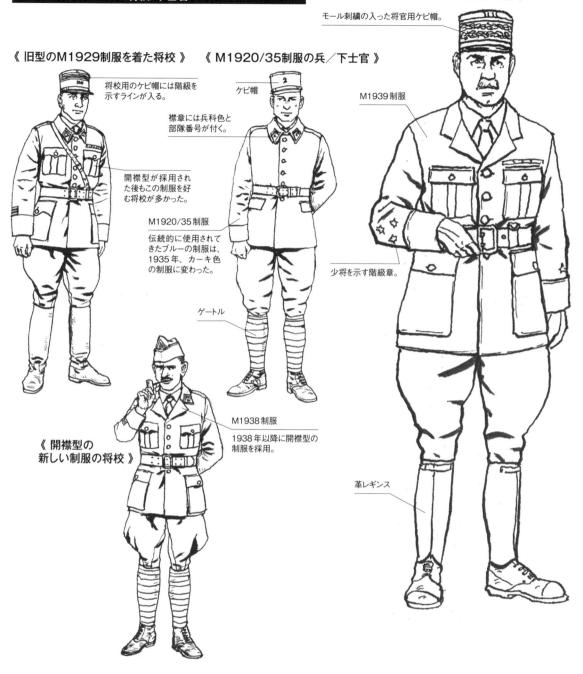

将校／下士官

《 将官（少将）》

モール刺繍の入った将官用ケピ帽。

《 旧型のM1929制服を着た将校 》

《 M1920/35制服の兵／下士官 》

将校用のケピ帽には階級を示すラインが入る。

ケピ帽

襟章には兵科色と部隊番号が付く。

開襟型が採用された後もこの制服を好む将校が多かった。

M1939制服

M1920/35制服

伝統的に使用されてきたブルーの制服は、1935年、カーキ色の制服に変わった。

少将を示す階級章。

ゲートル

《 開襟型の 新しい制服の将校 》

M1938制服

1938年以降に開襟型の制服を採用。

革レギンス

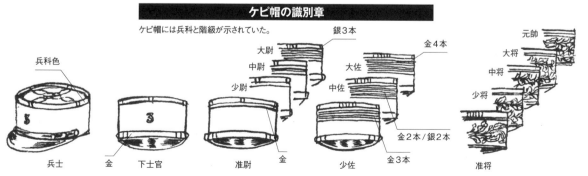

ケピ帽の識別章

ケピ帽には兵科と階級が示されていた。

兵科色

兵士

金

下士官

少尉

准尉

金

中尉

大尉

銀3本

少佐

金3本

金2本／銀2本

中佐

大佐

金4本

少将

准将

中将

大将

元帥

陸軍アルペン猟兵

アルペン猟兵は、アルプス山脈地帯のフランス・イタリア国境防衛の
ため1888年に編制された。部隊は山岳地で活動するため、戦闘装
備だけでなく、防寒被服や登山・スキー装備が支給されている。

アルペン猟兵の軍装

アルペン部隊の特徴ある
ダークブルーのベレー帽。

MAS Mle
1936小銃

M1940アノラック

弾薬盒

《 部隊徽章 》

ベレー帽用

RF

ヘルメット用

《 カメディエン防寒ジャケット 》

アノラックの下に着るシープ
スキンのライナー。

《 アルペン猟兵の個人装備 》

水筒

M1940リュック

スコップ

ガスマスク

ポンチョと毛布

雑嚢

《 M1940リュック 》

背部にフレームが付
属するリュックサック。

《 山岳レギンス 》

《 スキー装備の兵士 》

ゴーグル

スキー板

カバー付きヘルメット

山岳ジャケット

M1940リュック

ガスマスクバッグ

ストック

《 山岳ブーツ 》

スキーの装着が可能。

《 山岳パーカー姿の兵士 》

ヘルメットは、カバーを被せて偽装している。

山岳パーカー
カーキと白のリバーシブル。

オーバーパンツ
カーキと白のリバーシブル。

装甲車両搭乗員

戦間期の1920年代から第二次大戦前までにフランス軍は軽戦車から重戦車まで多種多様な戦車を装備し、機甲部隊を編制していた。1935年には軍服の改定も行われ、戦車兵にも新型の軍装が支給されている。また、戦車部隊の他、オートバイなどで機械化された部隊の隊員にも装甲車両搭乗員と同じ被服と装備が支給されていた。

戦車兵

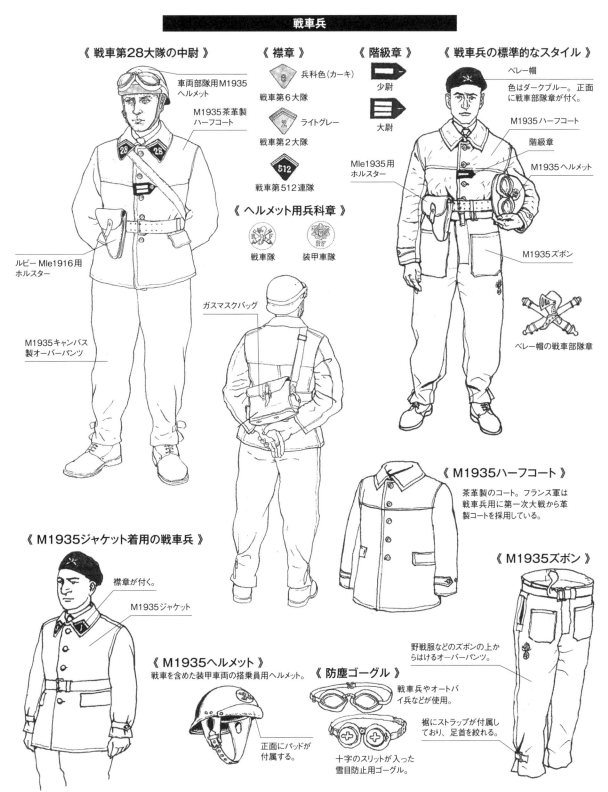

《 戦車第28大隊の中尉 》

車両部隊用M1935ヘルメット

M1935茶革製ハーフコート

ルビー Mle1916用ホルスター

M1935キャンバス製オーバーパンツ

《 襟章 》

兵科色（カーキ）

戦車第6大隊

ライトグレー

戦車第2大隊

戦車第512連隊

《 ヘルメット用兵科章 》

戦車隊　　　装甲車隊

ガスマスクバッグ

《 階級章 》

少尉

大尉

Mle1935用ホルスター

《 戦車兵の標準的なスタイル 》

ベレー帽
色はダークブルー。正面に戦車部隊章が付く。

M1935ハーフコート

階級章

M1935ヘルメット

M1935ズボン

ベレー帽の戦車部隊章

《 M1935ハーフコート 》

茶革製のコート。フランス軍は戦車兵用に第一次大戦から革製コートを採用している。

《 M1935ジャケット着用の戦車兵 》

襟章が付く。

M1935ジャケット

《 M1935ヘルメット 》
戦車を含めた装甲車両の搭乗員用ヘルメット。

正面にパッドが付属する。

《 防塵ゴーグル 》

戦車兵やオートバイ兵などが使用。

十字のスリットが入った雪目防止用ゴーグル。

《 M1935ズボン 》

野戦服などのズボンの上からはけるオーバーパンツ。

裾にストラップが付属しており、足首を絞れる。

《 カバー装着のM1935ヘルメット 》

口と鼻はマフラーで覆う。

走行時の防寒・防塵のためコートの襟を立ててフラップで固定することができた。

《 サイドカー機関銃手 》

ヘルメットには歩兵科の徽章が付く。

ガスマスクバッグのストラップ。

ハーフコートの上からM1935マントを着用している。

《 野戦軍装のオートバイ兵 》

オートバイ兵もM1935ヘルメットを使用。

ゴーグル

マフラー

階級章をカバーするフラップ

M1938オーバーコート

弾薬盒

ガスマスクバッグ

防水カバーに入れたFM Mle1924/29軽機関銃。

M1935グローブ

ズボンは内側が補強されている。

《 M1938オーバーコート 》

キャンバスの防水生地で作られている。

《 キャンバス製コートを着用した車両部隊の兵士 》

M1936エイドリアン・ヘルメットにゴーグルを装着。

弾薬盒

銃剣

MAS Mle1936小銃

《 M1935グローブ 》

車両搭乗員に支給された茶革のライダース型グローブ。

ガスマスクバッグ

水筒

外人部隊と植民地軍

フランス軍は本国部隊以外に、海外駐留部隊、植民地の住民で構成された植民地部隊を編制していた。フランスの降服後、これら植民地部隊でフランス国外にいた部隊は、ドイツの傀儡となったヴィシー政権下にあったが、連合軍の北アフリカ上陸以降、連合軍側に就いてドイツ軍と戦った。

外人部隊

《 第13外人准旅団の兵士
1940年 ノルウェーのナルヴィク戦 》

カーキ色のベレー帽

MAS Mle 1936小銃

山岳戦闘装備。防寒・防水のシープスキン・ジャケットを着用。

弾薬盒

MAS Mle 1936小銃

《 北アフリカ戦線の外人部隊兵士 》

ケビ帽

サスペンダー

上下衣服と個人装備はフランス軍と同じ。

弾薬盒

雑嚢

外人部隊のシンボルであるカーキ色のケビ帽には、白のカバーを付けている。その他、イギリス軍のMk.IIヘルメットも使用した。

弾薬盒

水筒

フィットレス・ソックス、レギンス、編上靴はイギリス軍のものを使用。

《 1945年 アルザス地方での外人部隊兵士 》

M1ヘルメット

M1小銃

北アフリカからイタリア、フランスへと転戦した部隊は、アメリカ軍から装備が支給された。

《 熱帯用コットン・キャンバス・ユニフォーム 》

外人部隊は1940年6月のフランス降服に伴い、イギリスに脱出して自由フランス軍に所属した部隊と、ヴィシー政権側に分かれた。1942年11月、北アフリカのヴィシー政権フランス軍の停戦により、それ以降すべての外人部隊は、連合軍側として戦う。

M1938ジャケット

《 ズアーズ連隊の兵士 》

1831年にアルジェリア人主体で編制された部隊。伝統的なユニフォームは第二次大戦時も使用。野戦装備は本土のフランス軍と同じ。

ダークブルーに赤い刺繍のチェプケン(上着)を着用。
赤色のシャワール(脚衣)
Mle 1916カービン

《 セネガル狙撃兵連隊の兵士 》

セネガル狙撃兵連隊は、セネガル人を基幹に編制。アルジェリア人やセネガル兵が被る制帽は、赤いトルコ帽(シュシア帽)で、野戦ではカーキのカバーを装着。戦闘時にはヘルメットも使用した。

M1916小銃
ライトカーキの熱帯服
マチェット

ダブルブレストの制服
飾帯(スカーレット色)

《 自由フランス軍モロッコ連隊兵士 》

M1903小銃
装備はアメリカ軍から支給されたものを使用。
民族衣装の"ジャバラ"を着用。

《 フランス陸軍野戦軍装のモロッコ人兵士 》

モロッコ人の部隊は北アフリカにおいて、1940年からイタリア軍と戦い、その後自由フランス軍と合流してイタリア戦線で活動した。

MAS Mle 1936小銃

《 ズアーズ連隊の熱帯用通常勤務服 》

飾帯(ダークブルー)

自由フランス軍　1944年

自由フランス軍は、フランスが降伏した際にイギリスへ脱出した本国兵、外人部隊、植民地兵などによって編制された。その他、連合軍の北アフリカ上陸後、アルジェリアなどの植民地では、ヴィシー政府を離脱して自由フランス軍に加わる部隊もあった。自由フランス軍は、アメリカとイギリスから支援を受けていたため、軍装はアメリカ軍式あるいはイギリス軍式である。

自由フランス軍の兵士

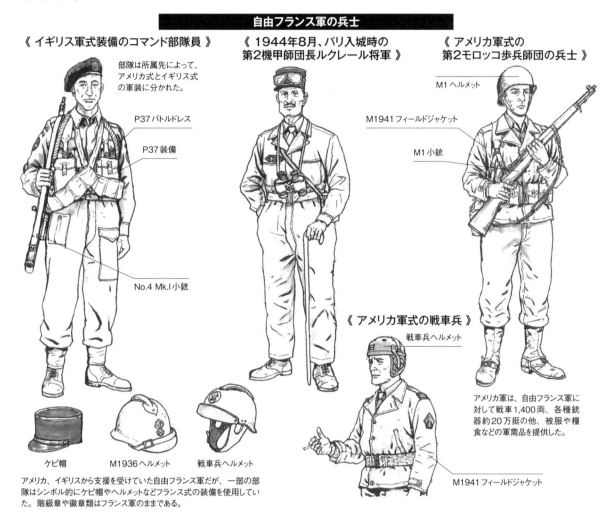

《 イギリス軍式装備のコマンド部隊員 》

部隊は所属先によって、アメリカ式とイギリス式の軍装に分かれた。

P37 バトルドレス

P37 装備

No.4 Mk.I小銃

ケビ帽

M1936 ヘルメット

戦車兵ヘルメット

《 1944年8月、パリ入城時の
第2機甲師団長ルクレール将軍 》

《 アメリカ軍式の戦車兵 》

戦車兵ヘルメット

M1941 フィールドジャケット

《 アメリカ軍式の
第2モロッコ歩兵師団の兵士 》

M1 ヘルメット

M1941 フィールドジャケット

M1 小銃

アメリカ軍は、自由フランス軍に対して戦車1,400両、各種銃器約20万挺の他、被服や糧食などの軍需品を提供した。

アメリカ、イギリスから支援を受けていた自由フランス軍だが、一部の部隊はシンボル的にケビ帽やヘルメットなどフランス式の装備を使用していた。階級章や徽章類はフランス軍のままである。

フランス陸軍の階級章

〔帽章〕

〔襟章〕

〔袖章〕

〔袖章〕

〔帽章〕(ケビ帽)										
〔袖章〕									礼服の袖章	
元帥	大将	中将	少将	准将	大佐	中佐	少佐	大尉	中尉	少尉

〔帽章〕(ケビ帽)			
下士官		兵	
		曹長	軍曹	伍長

〔袖章〕										
上級准尉	准尉	曹長	軍曹	伍長	伍長勤務上等兵	上等兵	一等兵	兵長勤務	上等兵	一等兵

その他の連合軍

第二次大戦の連合軍といえばアメリカ軍、イギリス軍、ソ連軍をイメージする。しかし、この3カ国以外にも多くの国々が1942年1月の連合国共同宣言に署名して連合国となり、枢軸軍と戦った。それら連合軍は、どのような軍装を使用していたのか。ここでは、第二次大戦の緒戦において枢軸軍との戦いに敗れてしまったヨーロッパの各国軍装とイギリス連邦国、そして中国の軍装を紹介していく。

カナダ軍

カナダ軍は、イギリス連邦の一国として第二次大戦が始まると、連合軍として戦った。カナダ兵のバトルドレスは、イギリス軍とほぼ同型だったが、カナダ製で、生地の色はイギリスより緑が強いカーキ色だった。

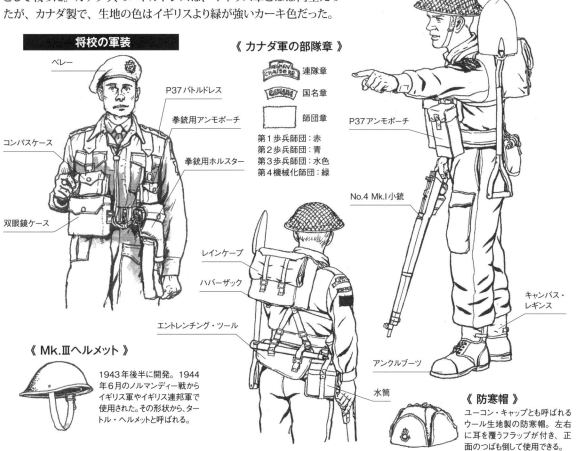

将校の軍装

- ベレー
- P37 バトルドレス
- 拳銃用アンモポーチ
- コンパスケース
- 拳銃用ホルスター
- 双眼鏡ケース

《 カナダ軍の部隊章 》

- 連隊章
- 国名章
- 師団章

第1歩兵師団：赤
第2歩兵師団：青
第3歩兵師団：水色
第4機械化師団：緑

- レインケープ
- ハバーザック
- エントレンチング・ツール

《 Mk.Ⅲヘルメット 》

1943年後半に開発。1944年6月のノルマンディー戦からイギリス軍やイギリス連邦軍で使用された。その形状から、タートル・ヘルメットと呼ばれる。

- Mk.IIヘルメット
- ハバーザックの横にスコップを装備。
- P37アンモポーチ
- No.4 Mk.I小銃
- キャンバス・レギンス
- アンクルブーツ
- 水筒

《 防寒帽 》

ユーコン・キャップとも呼ばれるウール生地製の防寒帽。左右に耳を覆うフラップが付き、正面のつばも倒して使用できる。

大戦後半の歩兵

- 偽装用ネットを装着したMk.Ⅲヘルメット。
- 防寒用の革製ジャーキン
- P37アンモポーチ
- No.4 Mk.I小銃

カナダ軍空挺部隊は、1941年に創立。1944年6月に第1パラシュート大隊がノルマンディー上陸作戦の空挺作戦に参加している。

空挺部隊員

- 空挺ヘルメット
- デニソン・スモック
- P37アンモポーチ
- ステンMk.II短機関銃

戦車兵

- 黒色ベレーには戦車部隊の徽章が付く。
- デニム生地のタンクオーバーオール
- 拳銃用アンモポーチ
- 拳銃用ホルスター

オーストラリア軍

イギリス連邦国の一つであるオーストラリアは、1939年9月、ドイツに宣戦布告する。以後、オーストラリア軍は北アフリカ戦線やイタリア戦線、太平洋戦線などで戦い、終戦までに延べ40万人を派遣した。軍装はイギリス式である。

オーストラリア陸軍歩兵

Mk.IIヘルメット

ウール製の制服兼野戦服を着用。

戦闘装備は、第一次大戦で使用されたP08装備を使用。

No.1 Mk.III
小銃

レスピレーターバッグ
（ガスマスクバッグ）

北アフリカ戦線のオーストラリア陸軍歩兵

スローチハット

No.1 Mk.III小銃

カーキドリル・シャツ

P37アンモポーチ

M1907銃剣

カーキドリル・パンツ

《 スローチハット 》

イギリス植民地時代から軍で使用されたウールフェルト製の帽子で、1903年にオーストラリア軍の制帽として採用された。

帽章

ニューギニア戦線のオーストラリア陸軍歩兵

スローチハット

熱帯地域用のジャングルグリーン・ユニフォーム

オーウェン
Mk.1-43短機関銃

オーストラリア国産の短機関銃。ジャングル近接戦闘で威力を発揮した。

M1936
キャンバス・レギンス

アメリカ軍からの支給品。

太平洋戦線ではオーストラリア兵は、カーキ色の他にグリーンコットン製の野戦服を使用。また、アメリカからの支援で同国製戦闘装備が一部の部隊に支給されている。

ニュージーランド軍

イギリス連邦のニュージーランドもヨーロッパ、イタリア、北アフリカ、太平洋などの各戦線に陸軍を派兵した。同国も軍装は、イギリス陸軍に準じている。

イタリア戦線のニュージーランド軍ブレン機関銃手

ニュージーランド軍肩章
黒地に白文字でNEW ZEALANDの文字が入る。

偽装用ネットを装着したMk.IIヘルメット。

第2歩兵師団部隊章

P37アンモポーチ

P37バトルドレス上衣

ブレンMk.I軽機関銃

軽機関銃用メンテナンスキット・ケース

レギンス

アンクルブーツ

P37バトルドレス・トラウザーズ

《 ニュージーランド軍の
スローチハット 》

帽章が付く。

帽章

ニュージーランド軍の熱帯地域の軍装

Mk.IIヘルメット

カーキドリル・シャツ

個人装備はP08装備を使用。

P1907銃剣

カーキドリル・パンツ

No.1 Mk.III小銃

南アフリカ軍

南アフリカは1939年9月4日に、ドイツに宣戦布告し、陸軍は主に北アフリカ戦線で戦った。

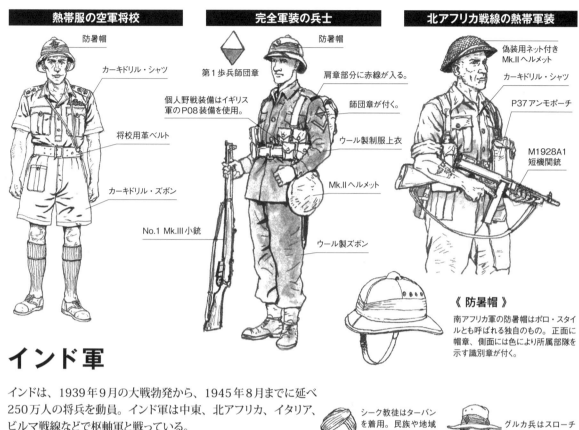

熱帯服の空軍将校

- 防暑帽
- カーキドリル・シャツ
- 将校用革ベルト
- カーキドリル・ズボン

完全軍装の兵士

- 第1歩兵師団章
- 個人野戦装備はイギリス軍のP08装備を使用。
- 防暑帽
- 肩章部分に赤線が入る。
- 師団章が付く。
- ウール製制服上衣
- Mk.IIヘルメット
- No.1 Mk.III小銃
- ウール製ズボン

北アフリカ戦線の熱帯軍装

- 偽装用ネット付きMk.IIヘルメット
- カーキドリル・シャツ
- P37アンモポーチ
- M1928A1短機関銃

《防暑帽》
南アフリカ軍の防暑帽はポロ・スタイルとも呼ばれる独自のもの。正面に帽章、側面には色により所属部隊を示す識別章が付く。

インド軍

インドは、1939年9月の大戦勃発から、1945年8月までに延べ250万人の将兵を動員。インド軍は中東、北アフリカ、イタリア、ビルマ戦線などで枢軸軍と戦っている。

シーク教徒はターバンを着用。民族や地域などにより複数の巻き方がある。

グルカ兵はスローチハットを主に使用。

第5インド歩兵師団兵士

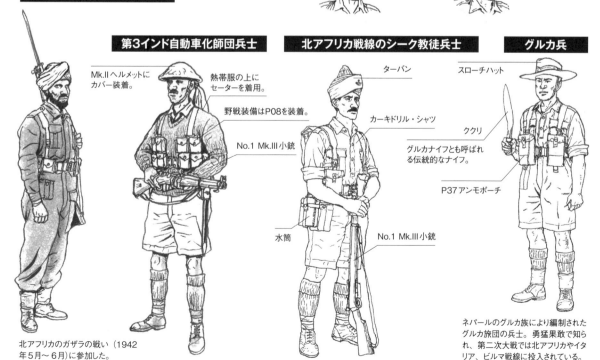

北アフリカのガザラの戦い（1942年5月～6月）に参加した。

第3インド自動車化師団兵士

- Mk.IIヘルメットにカバー装着。
- 熱帯服の上にセーターを着用。
- 野戦装備はP08を装着。
- No.1 Mk.III小銃

北アフリカ戦線のシーク教徒兵士

- ターバン
- カーキドリル・シャツ
- No.1 Mk.III小銃
- 水筒

グルカ兵

- スローチハット
- ククリ
- グルカナイフとも呼ばれる伝統的なナイフ。
- P37アンモポーチ

ネパールのグルカ族により編制されたグルカ旅団の兵士。勇猛果敢で知られ、第二次大戦では北アフリカやイタリア、ビルマ戦線に投入されている。

ポーランド軍

ドイツ軍の電撃戦と東方からのソ連軍の侵攻により、ポーランドは開戦から約1か月で降服した。降伏後、ポーランド政府の閣僚の一部は、亡命先のイギリスで亡命政府を樹立して、自由ポーランド軍（ポーランド共和国）を編制した。他に国内でドイツ軍に対する抵抗組織の国内軍、ロンドン系政府に対抗し、ソ連の支援で創設したポーランド国民解放委員会（ルブリン政府）のポーランド軍団もドイツ軍と戦った。

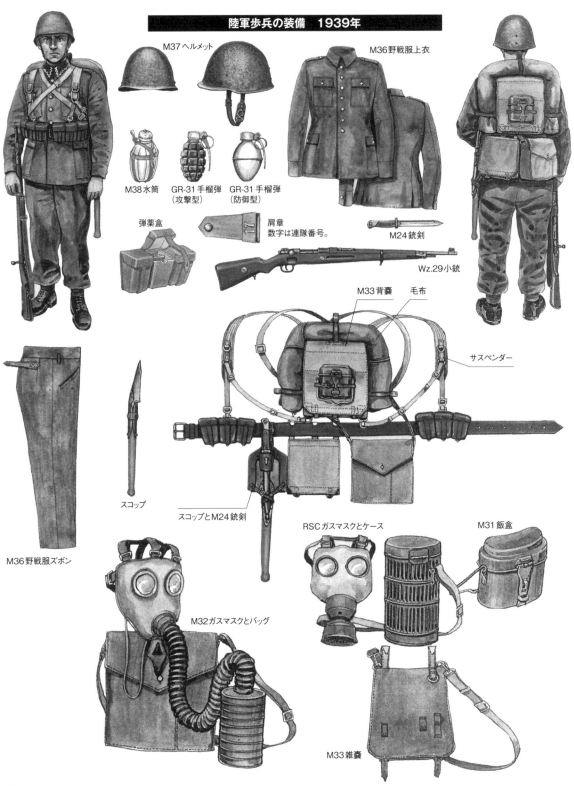

陸軍歩兵の装備　1939年

M37 ヘルメット

M36 野戦服上衣

M38 水筒

GR-31 手榴弾（攻撃型）

GR-31 手榴弾（防御型）

弾薬盒

肩章
数字は連隊番号。

M24 銃剣

Wz.29 小銃

M33 背嚢　毛布

サスペンダー

スコップ

スコップとM24 銃剣

M36 野戦服ズボン

M32 ガスマスクとバッグ

RSC ガスマスクとケース

M31 飯盒

M33 雑嚢

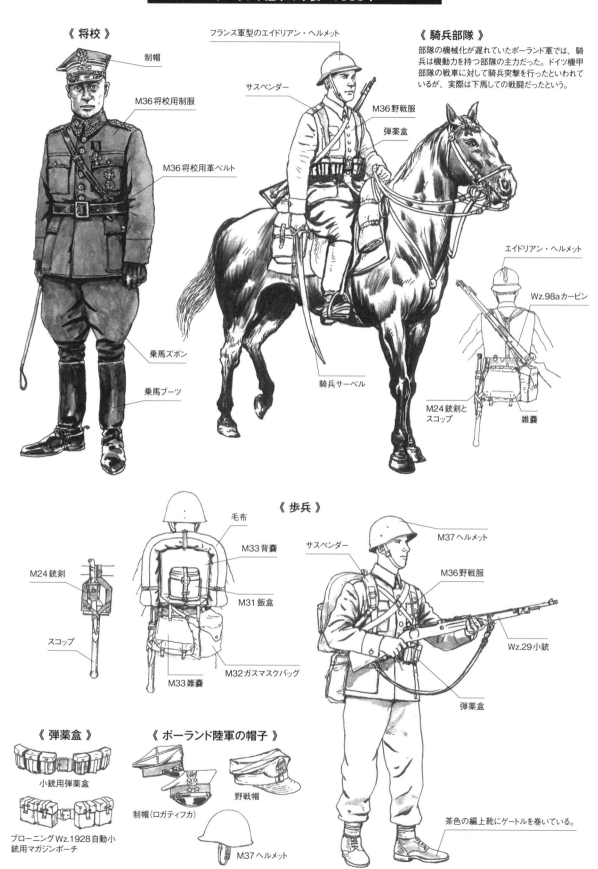

ポーランド陸軍の軍装　1939年

《 将校 》

制帽

M36 将校用制服

M36 将校用革ベルト

乗馬ズボン

乗馬ブーツ

フランス軍型のエイドリアン・ヘルメット

サスペンダー

M36 野戦服

弾薬盒

騎兵サーベル

《 騎兵部隊 》

部隊の機械化が遅れていたポーランド軍では、騎兵は機動力を持つ部隊の主力だった。ドイツ機甲部隊の戦車に対して騎兵突撃を行ったといわれているが、実際は下馬しての戦闘だったという。

エイドリアン・ヘルメット

Wz.98aカービン

M24 銃剣とスコップ

雑嚢

《 歩兵 》

毛布

M33 背嚢

M31 飯盒

M32 ガスマスクバッグ

M33 雑嚢

M24 銃剣

スコップ

サスペンダー

M37 ヘルメット

M36 野戦服

Wz.29 小銃

弾薬盒

茶色の編上靴にゲートルを巻いている。

《 弾薬盒 》

小銃用弾薬盒

ブローニング Wz.1928 自動小銃用マガジンポーチ

《 ポーランド陸軍の帽子 》

制帽（ロガティフカ）

野戦帽

M37 ヘルメット

《 自由ポーランド軍の軽機関銃手（イタリア戦線） 》

自由ポーランド軍は、イタリアの激戦地モンテカッシーノの戦いに投入され、カッシーノ山占領を果たしている。

偽装用ネットを装着したMk.IIヘルメット。

野戦服、装備はイギリス軍と同じ。

ブレン軽機関銃

ヘルメットの国家章（デカール）

《 ポーランド軍団兵士 》

ポーランド軍団は、ソ連の支援を受けていたため、軍装はソ連式が多い。イラストの兵士も制帽と野戦服以外はソ連軍のものを使っている。

ポーランド軍の野戦帽

ポーランド軍のM36野戦服

短機関銃用30連マガジンポーチ

PPSh-41 短機関銃

ソ連軍のブリーチ型ズボン

ゲートル

《 ポーランド軍団が使用したソ連軍のM40ヘルメット 》

正面にはポーランドの国家章が白でペイントされている。

《 ポーランド軍団の戦車兵 》

ソ連軍の戦車帽

1935年制定のギムナスチョルカ

ブリーチ型ズボン

長靴

《 自由ポーランド軍戦車兵将校 》

ベレー

デニム生地のオーバーオール

RACホルスター

ベレー帽章
国家章の下の星は中尉の階級章

《 自由ポーランド軍第1空挺旅団の兵士 》

1944年9月に行われたマーケット・ガーデン作戦に参加し、空挺降下を行った。空挺装備はイギリス軍の装備を使用した。

偽装用ネットを装着した空挺ヘルメット。

デニソン・スモック

アンモポーチ

No.4 Mk.I 小銃

ポーランド陸軍の階級章

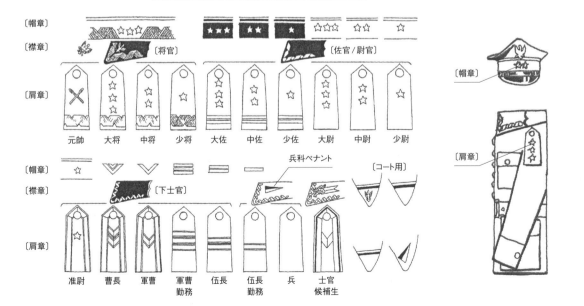

〔帽章〕
〔襟章〕〔将官〕〔佐官／尉官〕
〔肩章〕

元帥　大将　中将　少将　大佐　中佐　少佐　大尉　中尉　少尉

〔帽章〕
〔襟章〕〔下士官〕
〔肩章〕

兵科ペナント　〔コート用〕

准尉　曹長　軍曹　軍曹勤務　伍長　伍長勤務　兵　士官候補生

〔帽章〕

〔肩章〕

ベルギー軍

ベルギー軍は国境に18万の兵力を集中させてドイツ軍を警戒していた。しかし、1940年5月10日、ドイツ軍の西方電撃戦が始まり、抵抗するも5月28日に降服した。

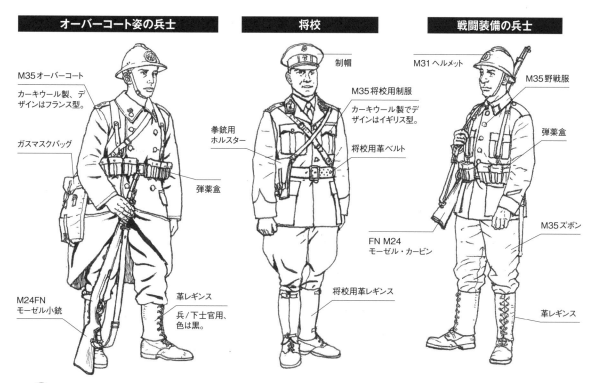

オーバーコート姿の兵士

M35オーバーコート
カーキウール製、デザインはフランス型。

ガスマスクバッグ

弾薬盒

M24FN
モーゼル小銃

革レギンス
兵／下士官用、色は黒。

将校

制帽

M35将校用制服
カーキウール製でデザインはイギリス型。

拳銃用ホルスター

将校用革ベルト

将校用革レギンス

戦闘装備の兵士

M31ヘルメット

M35野戦服

弾薬盒

FN M24
モーゼル・カービン

M35ズボン

革レギンス

《 M31ヘルメット 》

ヘルメットはフランス軍と同型。正面には国家章が付く。

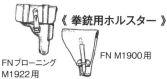

《 拳銃用ホルスター 》

FNブローニング
M1922用

FN M1900用

ルクセンブルク軍

非武装中立であったルクセンブルクは、1940年5月10日にドイツ軍の侵攻を受け、翌11日には占領されてしまう。

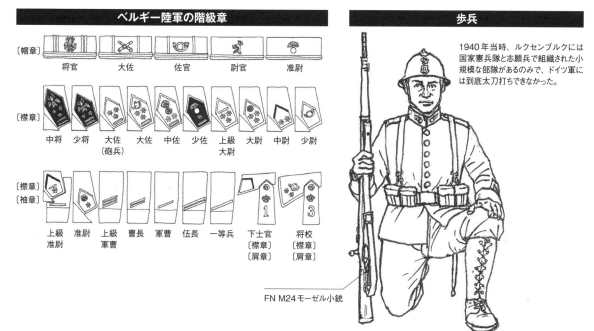

ベルギー陸軍の階級章

〔帽章〕				
将官	大佐	佐官	尉官	准尉

〔襟章〕									
中将	少将	大佐（砲兵）	大佐	中佐	少佐	上級大尉	大尉	中尉	少尉

〔襟章〕〔袖章〕								
上級准尉	准尉	上級軍曹	曹長	軍曹	伍長	一等兵	下士官〔襟章〕〔肩章〕	将校〔襟章〕〔肩章〕

歩兵

1940年当時、ルクセンブルクには国家憲兵隊と志願兵で組織された小規模な部隊があるのみで、ドイツ軍には到底太刀打ちできなかった。

FN M24 モーゼル小銃

デンマーク軍

1940年4月9日、デンマークはドイツ軍の地上部隊と空挺部隊の攻撃を受けた。ドイツ軍に対して抗戦するが、夕刻までにデンマーク軍は降伏、占領された。

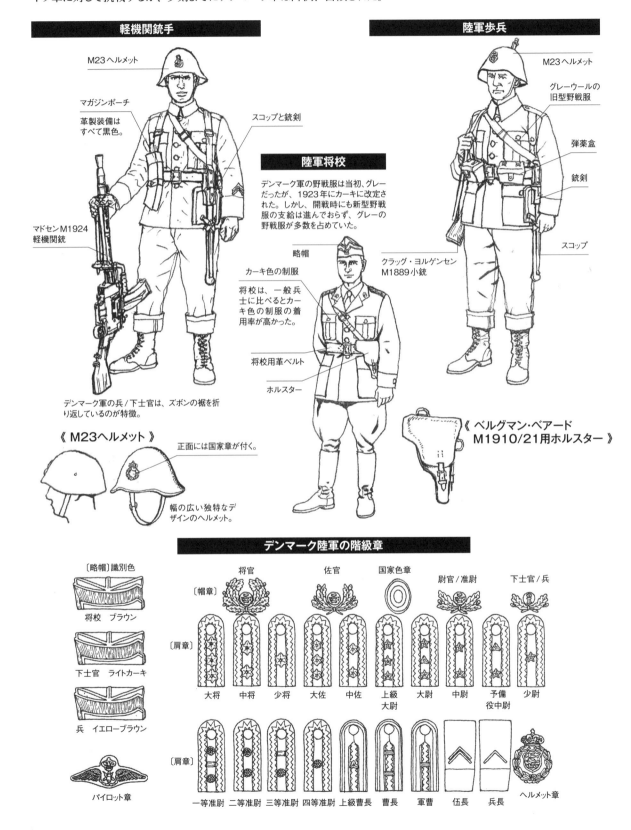

軽機関銃手

- M23ヘルメット
- マガジンポーチ
- 革製装備はすべて黒色。
- スコップと銃剣
- マドセンM1924軽機関銃

デンマーク軍の兵／下士官は、ズボンの裾を折り返しているのが特徴。

《 M23ヘルメット 》

正面には国家章が付く。

幅の広い独特なデザインのヘルメット。

陸軍将校

デンマーク軍の野戦服は当初、グレーだったが、1923年にカーキに改定された。しかし、開戦時にも新型野戦服の支給は進んでおらず、グレーの野戦服が多数を占めていた。

- 略帽
- カーキ色の制服
- 将校は、一般兵士に比べるとカーキ色の制服の着用率が高かった。
- 将校用革ベルト
- ホルスター

《 ベルグマン・ベアード M1910/21用ホルスター 》

陸軍歩兵

- M23ヘルメット
- グレーウールの旧型野戦服
- 弾薬盒
- 銃剣
- クラッグ・ヨルゲンセン M1889小銃
- スコップ

デンマーク陸軍の階級章

〔略帽〕識別色

	識別色
将校	ブラウン
下士官	ライトカーキ
兵	イエローブラウン

パイロット章

	将官			佐官		国家色章	尉官／准尉		下士官／兵	
〔帽章〕										
〔肩章〕	大将	中将	少将	大佐	中佐	上級大尉	大尉	中尉	予備役中尉	少尉
〔肩章〕	一等准尉	二等准尉	三等准尉	四等准尉	上級曹長	曹長	軍曹	伍長	兵長	ヘルメット章

オランダ軍

ベルギー、ルクセンブルクとともにドイツ軍の攻撃を受けたオランダは、第二次大戦の勃発から、ドイツ軍の侵攻までに23個の歩兵師団を編制していた。しかし重砲類や装甲車両は旧式の上、数も少なかった。戦闘は5月10日から始まり、オランダ軍は各所で抵抗したが、5月17日に降服した。

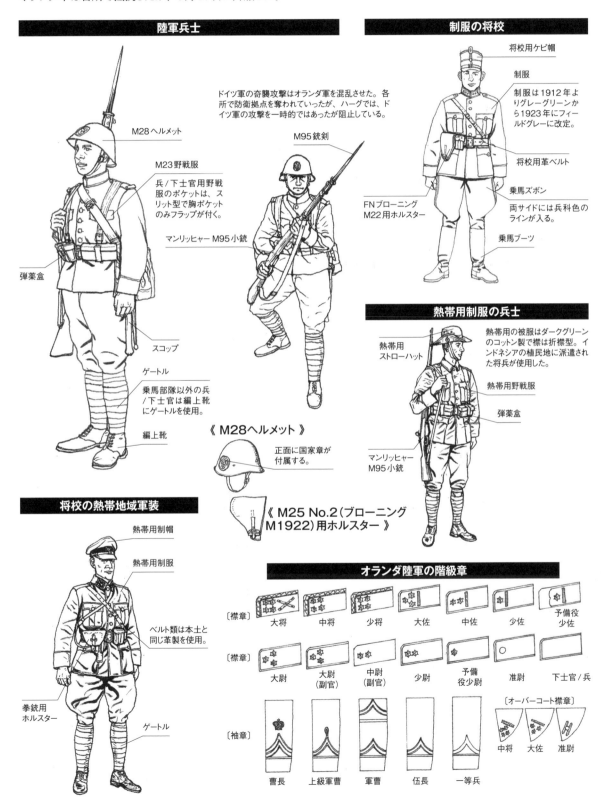

陸軍兵士

ドイツ軍の奇襲攻撃はオランダ軍を混乱させた。各所で防衛拠点を奪われていったが、ハーグでは、ドイツ軍の攻撃を一時的ではあったが阻止している。

M28ヘルメット

M23野戦服

兵／下士官用野戦服のポケットは、スリット型で胸ポケットのみフラップが付く。

弾薬盒

スコップ

ゲートル

乗馬部隊以外の兵／下士官は編上靴にゲートルを使用。

編上靴

M95銃剣

マンリッヒャー M95小銃

《 M28ヘルメット 》

正面に国家章が付属する。

《 M25 No.2（ブローニング M1922）用ホルスター 》

制服の将校

将校用ケピ帽

制服

制服は1912年よりグレーグリーンから1923年にフィールドグレーに改定。

将校用革ベルト

FNブローニング M22用ホルスター

乗馬ズボン

両サイドには兵科色のラインが入る。

乗馬ブーツ

熱帯用制服の兵士

熱帯用の被服はダークグリーンのコットン製で襟は折襟型。インドネシアの植民地に派遣された将兵が使用した。

熱帯用ストローハット

熱帯用野戦服

弾薬盒

マンリッヒャー M95小銃

将校の熱帯地域軍装

熱帯用制帽

熱帯用制服

ベルト類は本土と同じ革製を使用。

拳銃用ホルスター

ゲートル

オランダ陸軍の階級章

〔襟章〕 大将　中将　少将　大佐　中佐　少佐　予備役少佐

〔襟章〕 大尉　大尉（副官）　中尉（副官）　少尉　予備役少尉　准尉　下士官／兵

〔袖章〕 曹長　上級軍曹　軍曹　伍長　一等兵

〔オーバーコート襟章〕 中将　大佐　准尉

ノルウェー軍

1940年4月9日、ドイツ軍の攻撃を受けたノルウェーは、イギリス軍の協力を得ながら抵抗する。しかし、5月10日、ドイツ軍のフランス侵攻によりイギリス軍が撤退。兵力が劣るノルウェー軍は6月10日に降服した。

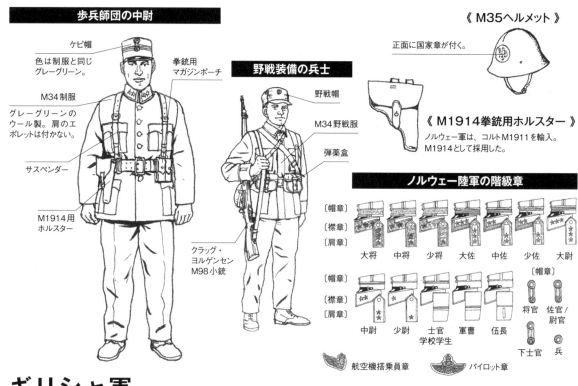

歩兵師団の中尉

- ケピ帽
  色は制服と同じグレーグリーン。
- M34制服
  グレーグリーンのウール製。肩のエポレットは付かない。
- サスペンダー
- 拳銃用マガジンポーチ
- M1914用ホルスター

野戦装備の兵士

- 野戦帽
- M34野戦服
- 弾薬盒
- クラッグ・ヨルゲンセン M98小銃

《 M35ヘルメット 》
正面に国家章が付く。

《 M1914拳銃用ホルスター 》
ノルウェー軍は、コルトM1911を輸入。M1914として採用した。

ノルウェー陸軍の階級章

〔帽章〕〔襟章〕〔肩章〕
大将　中将　少将　大佐　中佐　少佐　大尉

〔帽章〕〔襟章〕〔肩章〕
中尉　少尉　士官学校学生　軍曹　伍長

〔帽章〕
将官　佐官/尉官
下士官　兵

航空機搭乗員章　パイロット章

ギリシャ軍

ギリシャは1940年10月、イタリア軍の侵攻を受けるが、それを撃退する。しかし、翌年4月6日のドイツ軍の侵攻に対しては、抗戦するもドイツ軍の攻撃は抑えきれず、駐留していたイギリス連邦軍の撤退によって4月30日に降服した。

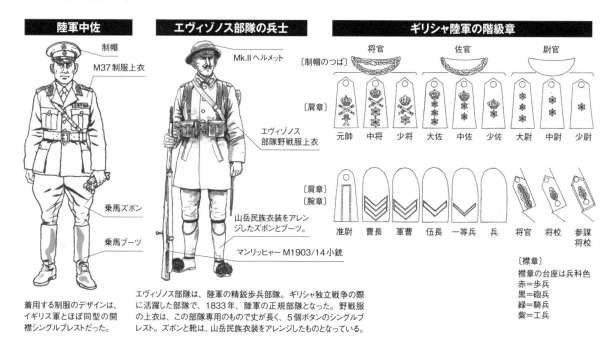

陸軍中佐

- 制帽
- M37制服上衣
- 乗馬ズボン
- 乗馬ブーツ

着用する制服のデザインは、イギリス軍とほぼ同型の開襟シングルブレストだった。

エヴィゾノス部隊の兵士

- Mk.IIヘルメット
- エヴィゾノス部隊野戦服上衣
- 山岳民族衣装をアレンジしたズボンとブーツ。
- マンリッヒャー M1903/14小銃

エヴィゾノス部隊は、陸軍の精鋭歩兵部隊。ギリシャ独立戦争の際に活躍した部隊で、1833年、陸軍の正規部隊となった。野戦服の上衣は、この部隊専用のもので丈が長く、5個ボタンのシングルブレスト。ズボンと靴は、山岳民族衣装をアレンジしたものとなっている。

ギリシャ陸軍の階級章

〔制帽のつば〕
将官　佐官　尉官

〔肩章〕
元帥　中将　少将　大佐　中佐　少佐　大尉　中尉　少尉

〔肩章〕〔腕章〕
准尉　曹長　軍曹　伍長　一等兵　兵　将官　将校　参謀将校

〔襟章〕
襟章の台座は兵科色
赤=歩兵
黒=砲兵
緑=騎兵
紫=工兵

ユーゴスラビア軍

1941年3月27日、ユーゴスラビアで反ナチス勢力のクーデターが発生し、新政権が誕生。枢軸同盟への参加を呼びかけていたヒトラーは、この事態にユーゴスラビアへの強硬策を取る。同年4月6日、空爆と装甲部隊による攻撃を始め、13日に首都のベオグラードを占領し、17日までに全土を制圧した。その後、王国政府は国外に亡命してユーゴスラビア王国亡命政府を組織して戦いを続ける。また、パルチザンが全土で蜂起。1943年にはユーゴスラビア民主連邦を成立させて抵抗活動を行った。

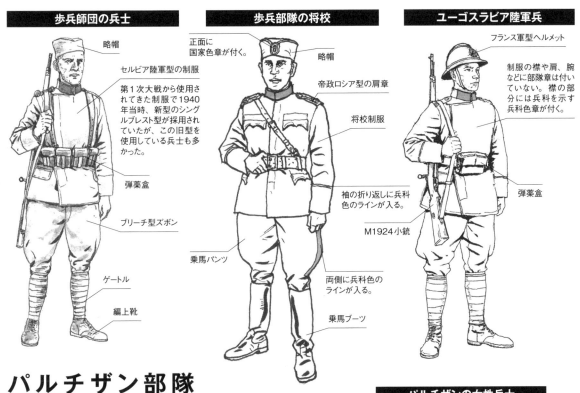

歩兵師団の兵士
- 略帽
- セルビア陸軍型の制服
  第1次大戦から使用されてきた制服で1940年当時、新型のシングルブレスト型が採用されていたが、この旧型を使用している兵士も多かった。
- 弾薬盒
- ブリーチ型ズボン
- ゲートル
- 編上靴

歩兵部隊の将校
- 正面に国家色章が付く。
- 略帽
- 帝政ロシア型の肩章
- 将校制服
- 袖の折り返しに兵科色のラインが入る。
- 乗馬パンツ
- 両側に兵科色のラインが入る。
- 乗馬ブーツ

ユーゴスラビア陸軍兵
- フランス軍型ヘルメット
- 制服の襟や肩、腕などに部隊章は付いていない。襟の部分には兵科を示す兵科色章が付く。
- 弾薬盒
- M1924小銃

パルチザン部隊

ヨシップ・ブロズ・ティトーが指導したパルチザン部隊は、ユーゴスラビア軍の軍装や連合軍の支援物資、鹵獲したドイツ軍兵器で武装していた。組織が巨大化したことで、1943年5月までに階級も整えられていった。

ユーゴスラビア陸軍の階級章

〔肩章〕〔袖章〕　　　　　〔肩章〕　〔帽章〕

元帥　大将　中将　少将　大佐　中佐　少佐

制帽　略帽　略帽
将校　将校　兵/下士官

一等大尉　二等大尉　中尉　少尉　一等曹長　二等曹長　三等曹長　上級軍曹　軍曹　伍長　兵

〔肩章〕

肩章の縁は兵科色
赤＝歩兵
黒＝砲兵
紫＝工兵
水色＝騎兵

パルチザンの階級章

少佐　中佐　大佐　少将　中将　大将　元帥

兵長　伍長　軍曹　准尉　士官候補生　少尉　中尉　大尉

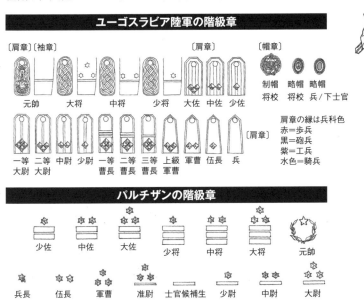

パルチザンの女性兵士
部隊には多くの女性が所属し、戦いに参加した。組織は1945年4月までに80万人を数える組織となった。
- 男性用の制服をそのまま使用。

パルチザンの兵士
- 軍服はユーゴスラビア陸軍のものを使用。
- ゲートルの他に長靴も使用された。
- 火器もユーゴスラビア軍を中心に、ドイツ、イギリス、アメリカ製など様々なタイプを使用。

中華民国国民革命軍（国民党軍）

ドイツの支援を受けていた中国の国民党は、1933年、ドイツからフォン・ゼークト元帥の軍事顧問団を招聘するとともに、最新兵器も輸入して、軍備を充実させていった。1930年代末には、インドや仏領インドシナ方面からイギリス、フランスの軍事援助も始まる。それら輸入した装備と国産装備で日本軍と戦った。

1932年 上海事変の第88歩兵師（師団）兵士

上海事変において日本軍と戦闘を行った国民革命軍の精鋭部隊。ヘルメットを被っている部隊は、蒋介石の直系部隊で、本格的な訓練を受けており、戦闘力も高かった。

中国式装備の兵士

ドイツからの輸入装備が行き渡らない部隊は国産装備を使用した。

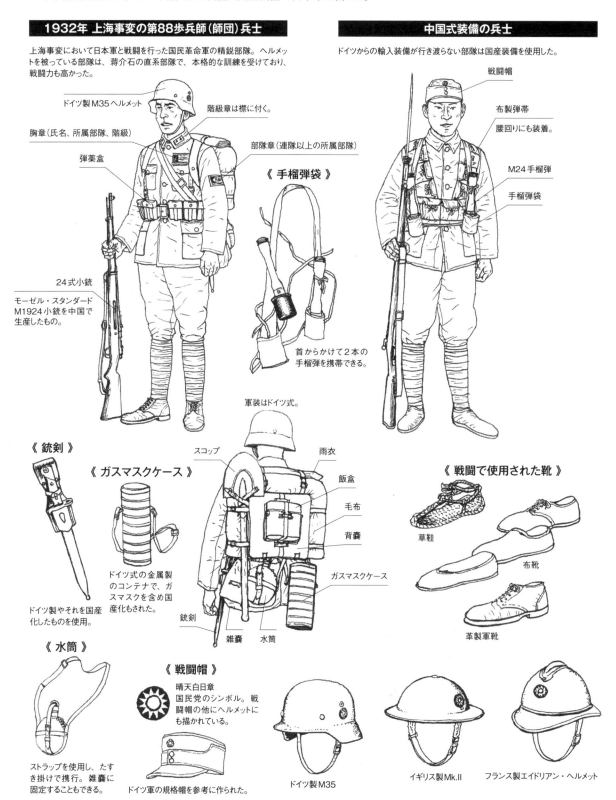

ドイツ製M35ヘルメット

階級章は襟に付く。

胸章（氏名、所属部隊、階級）

弾薬盒

部隊章（連隊以上の所属部隊）

24式小銃

モーゼル・スタンダードM1924小銃を中国で生産したもの。

《 手榴弾袋 》

首からかけて2本の手榴弾を携帯できる。

戦闘帽

布製弾帯

腰回りにも装着。

M24手榴弾

手榴弾袋

《 銃剣 》

ドイツ製やそれを国産化したものを使用。

《 ガスマスクケース 》

ドイツ式の金属製のコンテナで、ガスマスクを含め国産化もされた。

軍装はドイツ式。

スコップ

雨衣

飯盒

毛布

背嚢

ガスマスクケース

銃剣

雑嚢

水筒

《 戦闘で使用された靴 》

草鞋

布靴

革製軍靴

《 水筒 》

ストラップを使用し、たすき掛けで携行。雑嚢に固定することもできる。

《 戦闘帽 》

晴天白日章
国民党のシンボル。戦闘帽の他にヘルメットにも描かれている。

ドイツ軍の規格帽を参考に作られた。

ドイツ製M35

イギリス製Mk.II

フランス製エイドリアン・ヘルメット

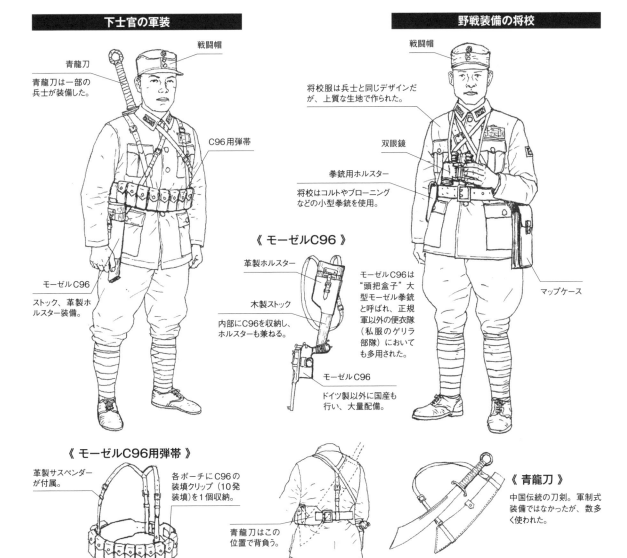

下士官の軍装

- 戦闘帽
- 青龍刀
  青龍刀は一部の兵士が装備した。
- C96用弾帯
- モーゼルC96
  ストック、革製ホルスター装備。

野戦装備の将校

- 戦闘帽
- 将校服は兵士と同じデザインだが、上質な生地で作られた。
- 双眼鏡
- 拳銃用ホルスター
  将校はコルトやブローニングなどの小型拳銃を使用。
- マップケース

《 モーゼルC96 》

- 革製ホルスター
- 木製ストック
  内部にC96を収納し、ホルスターも兼ねる。
- モーゼルC96

モーゼルC96は"頭把盒子"大型モーゼル拳銃と呼ばれ、正規軍以外の便衣隊（私服のゲリラ部隊）においても多用された。

ドイツ製以外に国産も行い、大量配備。

《 モーゼルC96用弾帯 》

- 革製サスペンダーが付属。
- 各ポーチにC96の装填クリップ（10発装填）を1個収納。
- 青龍刀はこの位置で背負う。

《 青龍刀 》

中国伝統の刀剣。軍制式装備ではなかったが、数多く使われた。

通常勤務スタイルの将校

司令部など後方勤務の場合、ズボンはストレート型も使われた。また、乗馬ズボンに長靴を使用する高級将校もいた。

- 斜革付きベルト
- 短剣

1930年代の戦車兵

国民革命軍は1920年代末から1930年代の初期にかけて、ドイツやイギリスから装甲車両を輸入し、一部は日本軍との戦闘に投入した。軍服は一般兵と変わらない。

- 革製戦車帽
- 革ベルト
- 拳銃用ホルスター

国民革命軍陸軍の階級章

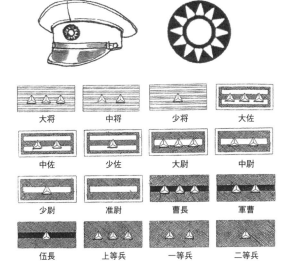

- 制帽
- 晴天白日の帽章

大将	中将	少将	大佐
中佐	少佐	大尉	中尉
少尉	准尉	曹長	軍曹
伍長	上等兵	一等兵	二等兵

ドイツの軍事援助によって、近代化を進めていた国民革命軍であったが、軍の基礎となっていたのは地方軍閥の私兵的軍隊であった。そのため編制・訓練・装備などは統一されておらず、また装備だけでなく将兵の質にも差があった。

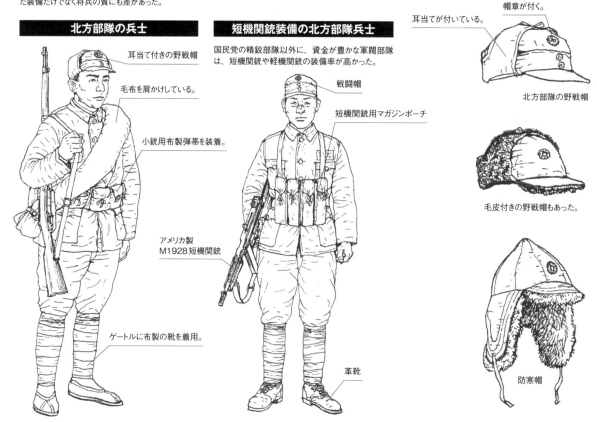

《 帽子 》

帽章が付く。

耳当てが付いている。

北方部隊の野戦帽

毛皮付きの野戦帽もあった。

防寒帽

北方部隊の兵士

耳当て付きの野戦帽

毛布を肩かけしている。

小銃用布製弾帯を装着。

アメリカ製
M1928短機関銃

ゲートルに布製の靴を着用。

短機関銃装備の北方部隊兵士

国民党の精鋭部隊以外に、資金が豊かな軍閥部隊は、短機関銃や軽機関銃の装備率が高かった。

戦闘帽

短機関銃用マガジンポーチ

革靴

夏季用軍服の南方部隊兵士

ドイツ製M35ヘルメット

小銃用布製弾帯

半ズボン

草鞋履き

南方第43連隊第15機動部隊の兵士

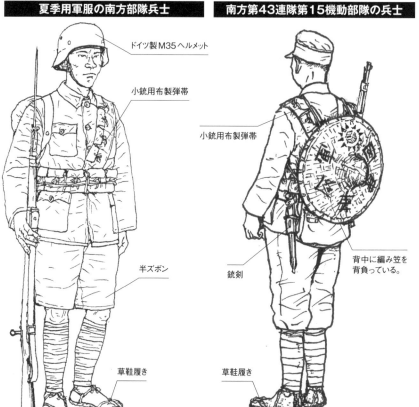

小銃用布製弾帯

銃剣

背中に編み笠を背負っている。

草鞋履き

《 小銃用布製弾帯 》

《 ZB軽機関銃用の弾帯 》

20連マガジン6本を収納できる。

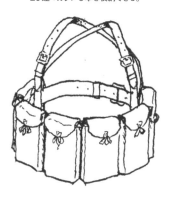

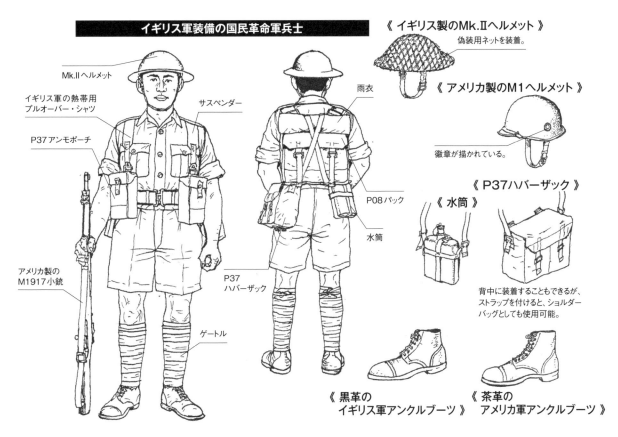

イギリス軍装備の国民革命軍兵士

Mk.IIヘルメット

イギリス軍の熱帯用
プルオーバー・シャツ

P37アンモポーチ

アメリカ製の
M1917小銃

ゲートル

サスペンダー

雨衣

P08パック

水筒

P37
ハバーザック

《 イギリス製のMk.IIヘルメット 》

偽装用ネットを装着。

《 アメリカ製のM1ヘルメット 》

徽章が描かれている。

《 P37ハバーザック 》

《 水筒 》

背中に装着することもできるが、
ストラップを付けると、ショルダー
バッグとしても使用可能。

《 黒革の
イギリス軍アンクルブーツ 》

《 茶革の
アメリカ軍アンクルブーツ 》

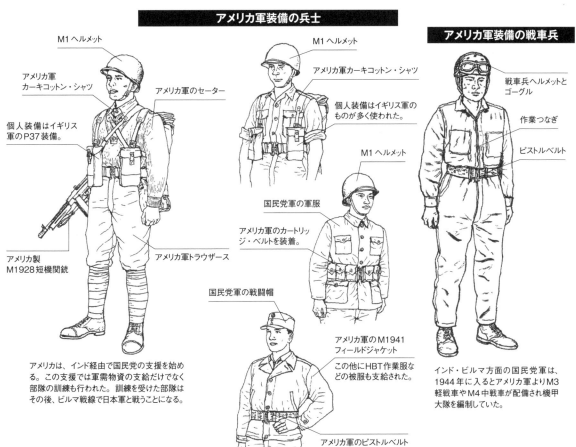

アメリカ軍装備の兵士

M1ヘルメット

アメリカ軍
カーキコットン・シャツ

個人装備はイギリス
軍のP37装備。

アメリカ製
M1928短機関銃

アメリカ軍のセーター

アメリカ軍トラウザース

M1ヘルメット

アメリカ軍カーキコットン・シャツ

個人装備はイギリス軍の
ものが多く使われた。

M1ヘルメット

国民党軍の軍服

アメリカ軍のカートリッ
ジ・ベルトを装着。

国民党軍の戦闘帽

アメリカ軍のM1941
フィールドジャケット

この他にHBT作業服な
どの被服も支給された。

アメリカ軍のピストルベルト

アメリカは、インド経由で国民党の支援を始め
る。この支援では軍需物資の支給だけでなく
部隊の訓練も行われた。訓練を受けた部隊は
その後、ビルマ戦線で日本軍と戦うことになる。

アメリカ軍装備の戦車兵

戦車兵ヘルメットと
ゴーグル

作業つなぎ

ピストルベルト

インド・ビルマ方面の国民党軍は、
1944年に入るとアメリカ軍よりM3
軽戦車やM4中戦車が配備され機甲
大隊を編制していた。

中国共産党軍

中国共産党は1927年、"中国工農紅軍（紅軍）"を組織し、対立する蒋介石の国民軍との戦いを始めた。その後、国民党と共産党は第二次国共合作（1937年）により内戦を停止して、抗日統一戦線を結成する。華北方面で活動していた中国工農紅軍は、国民政府指揮下に編入され国民革命軍第八路軍（"路"は地方を表わし、第八方面軍という意味）が誕生した。共産党軍はゲリラ戦を展開して、日本軍の手強い相手となった。

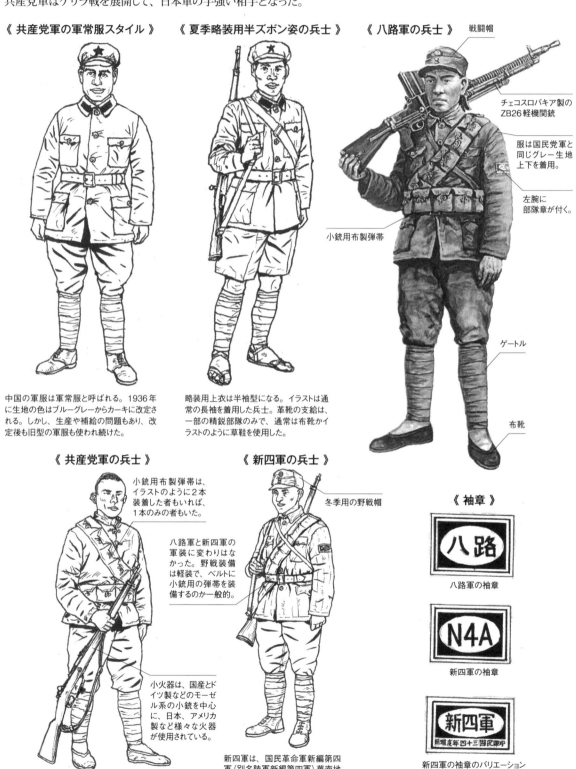

《 共産党軍の軍常服スタイル 》　　《 夏季略装用半ズボン姿の兵士 》　　《 八路軍の兵士 》

戦闘帽

チェコスロバキア製の
ZB26軽機関銃

服は国民党軍と
同じグレー生地
上下を着用。

左腕に
部隊章が付く。

小銃用布製弾帯

ゲートル

布靴

中国の軍服は軍常服と呼ばれる。1936年に生地の色はブルーグレーからカーキに改定される。しかし、生産や補給の問題もあり、改定後も旧型の軍服も使われ続けた。

略装用上衣は半袖型になる。イラストは通常の長袖を着用した兵士。革靴の支給は、一部の精鋭部隊のみで、通常は布靴かイラストのように草鞋を使用した。

《 共産党軍の兵士 》　　《 新四軍の兵士 》

小銃用布製弾帯は、
イラストのように2本
装着した者もいれば、
1本のみの者もいた。

八路軍と新四軍の
軍装に変わりはな
かった。野戦装備
は軽装で、ベルトに
小銃用の弾帯を装
備するのか一般的。

冬季用の野戦帽

小火器は、国産とド
イツ製などのモーゼ
ル系の小銃を中心
に、日本、アメリカ
製など様々な火器
が使用されている。

新四軍は、国民革命軍新編第四軍（別名陸軍新編第四軍）華南地区の紅軍を再編制した部隊。

《 袖章 》

八路

八路軍の袖章

N4A

新四軍の袖章

新四軍

新四軍の袖章のバリエーション

枢軸軍として戦った国々

国際連盟を脱退した日本、ドイツ、イタリアの3カ国は、1937年11月、日独伊防共協定を締結。さらに3カ国は、第二次大戦勃発後の1940年9月に日独伊三国同盟を締結し、軍事同盟＝枢軸軍となった。第二次大戦が始まるとヨーロッパでは、ハンガリー、ルーマニア、アルバニア、ブルガリア、フィンランド、スロバキア、クロアチア、セルビア、モンテネグロ、ピンドス公国などが、アジアでは満州国、ビルマ、ベトナム、カンボジア、ラオス、フィリピンなどが同盟に加わり、枢軸国が形成された。

◉ 日独伊の国際連盟脱退

第一次大戦後から第二次大戦開戦までの戦間期、世界恐慌（1929年）により、各国は経済的な打撃を受け社会不安が広がっていた。そうした中で1930年代に入ると、ヨーロッパではアドルフ・ヒトラーがドイツ国家の再建と領土回復を掲げ、イタリアのベニート・ムッソリーニは、植民地拡張の行動を起こした。また、アジアでは、日本が欧米列強に対抗し、中国への進出を拡大していく。

1931年9月18日、中国の満州（現東北部）で日本陸軍の関東軍が起こした柳条湖事件は、満州事変へと拡大。そして翌年3月に満州国が誕生する。この日本の行動に対して、国際連盟（以下、国連）は総会で満州からの日本軍撤退を決議し、それに反対する日本は1933年3月27日、国連を脱退した。

一方、ヨーロッパでは、ドイツのヒトラーが、ベルサイユ体制の打破と軍縮条約の平等化を訴えて、1933年10月、国連と軍縮条約からの脱退を表明。翌月に行われたドイツ国会選挙の際にヒトラーは、国連脱退を問う国民投票を行い、多数の脱退賛成票を得て、ドイツは国連から脱退する。

また1935年10月、イタリアのムッソリーニは、エチオピアに侵攻（第二次エチオピア戦争）した。翌年5月に首都のアジスアベバを占領するとムッソリーニは、エチオピア併合を宣言する。しかし国連は、イタリアのエチオピア侵攻に対して経済制裁の措置を科したことから、イタリアはこれを不服として1937年10月、国連を脱退した。

以上のような経過から国連を脱退した3カ国は、国際的に孤立しながらも、共通する反共産主義などから、つながりを持つことになった。

◉ 枢軸国の誕生

スペイン陸軍のフランシスコ・フランコ将軍が、スペイン第二共和国政府に対してクーデターを起こし、1936年7月、スペイン内戦が始まった。

この内戦で、ドイツとイタリアは反乱軍となったフランコ将軍を軍事的に支援したことで、11月、ムッソリーニとヒトラーは提携を結んだ。ムッソリーニは、この独伊の関係を世界の中心軸になると例えて"ローマ・ベルリン枢軸"（教科書などでは"ベルリン・ローマ枢軸"）といったことから、ドイツとイタリアは"枢軸国"と呼ばれるようになる。

同月、日本はドイツと日独防共協定を締結し枢軸国に加わることになった。この協定はソ連を仮想敵国として、共産主義の脅威から両国が共同防衛するために協力することを約束していた。1年後の1937年11月、イタリアが日独防共協定に加わり、同協定は日独伊防共協定となる。その後、3カ国の提携は1940年9月、軍事同盟へと発展していく。

◉ 枢軸同盟

ドイツ、イタリアと防共協定を結んだ日本では、この協定を軍事同盟に発展させようとする動きがあった。ドイツ、イタリアと同盟を結ぶことで、中国を援助するアメリカ、イギリスへの牽制を目的としたのだ。しかし、この同盟にドイツは参戦条項を加えることを要求したことから、日本国内

では陸軍主流派の同盟締結賛成に対して、政治家や海軍の一部などから反対が起きる。当初は、同盟反対派が優勢であったが、1939年、第二次大戦が勃発し、翌1940年にフランスが降伏すると、賛成派は勢いづき、世論の声も高まり、同年9月27日、日本はドイツ、イタリアとの軍事同盟、いわゆる日独伊三国同盟を締結した。

その後、第二次大戦中にヨーロッパでは、ハンガリー、ルーマニア、アルバニア、ブルガリア、フィンランド、スロバキア、クロアチア、セルビア、モンテネグロ、ピンドス公国、マケドニア公国、ドイツ占領下のフランス、ギリシャ、ノルウェーの傀儡政権、アジアでは満州国、蒙古連合自治政府、中華民国（汪兆銘政府）、ビルマ、ベトナム、カンボジア、ラオス、フィリピン、自由インド仮政府が同盟に加わり、枢軸国となった。

◉ 戦後の枢軸国

枢軸国は、第二次大戦の終戦までに、連合軍に解放または占領されて解体されていった。戦後、国際連合が創設されると、敵国条項が定められて、枢軸国であった国々の一部は、「旧敵国」に指定される。これに該当したのは、日本、ドイツ、イタリア、ハンガリー、ブルガリア、ルーマニア、フィンランドで、国際連合への加盟は許されなかった。

他に連合国の植民地と枢軸国によって占領された国や地域に創立した傀儡国は、敵国条項には指定されなかった。また、タイも抗日運動などが認められ、旧敵国とはならなかった。

ドイツ軍

ドイツ軍の軍装は、17世紀のプロイセンの伝統を受け継ぎながら発展を続け、1930年代までに各国と比べると実用的な軍装を備えていた。そして第二次大戦で使われた陸海空軍及び武装親衛隊の軍装品の中には、同盟国だけでなく連合国軍の軍装に影響を与えたものも多かった。

歩兵

第二次大戦開戦時、ドイツ陸軍はM36野戦服を使用していたが、戦争が進むにつれ、生産性向上及び簡略化が図られたものが登場する。また、武装親衛隊も陸軍に準じた軍服に独自の徽章を付けたものを使用した。ヨーロッパの戦場から、極寒のソ連、灼熱の北アフリカなど戦域が拡大するにつれ、ドイツ軍の軍装も多様化していった。

1939～1940年頃の歩兵野戦軍装

ポーランド戦から西方戦役までの野戦における陸軍歩兵の基本スタイルは、M35ヘルメット、M36野戦服、ジャックブーツ。そして行軍時に使用する背嚢が特徴である。

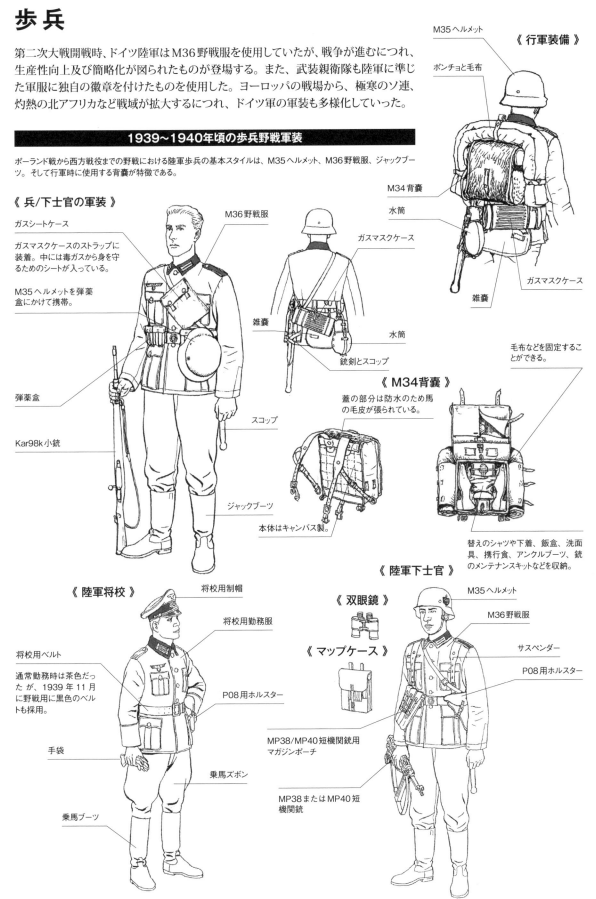

《 行軍装備 》

M35ヘルメット
ポンチョと毛布
M34背嚢
水筒
ガスマスクケース
雑嚢

《 兵/下士官の軍装 》

M36野戦服

ガスシートケース

ガスマスクケースのストラップに装着。中には毒ガスから身を守るためのシートが入っている。

M35ヘルメットを弾薬盒にかけて携帯。

弾薬盒

Kar98k小銃

ガスマスクケース
雑嚢
水筒
銃剣とスコップ
スコップ
ジャックブーツ

《 M34背嚢 》

蓋の部分は防水のため馬の毛皮が張られている。

本体はキャンバス製。

毛布などを固定することができる。

替えのシャツや下着、飯盒、洗面具、携行食、アンクルブーツ、銃のメンテナンスキットなどを収納。

《 陸軍将校 》

将校用制帽
将校用勤務服

将校用ベルト

通常勤務時は茶色だったが、1939年11月に野戦用に黒色のベルトも採用。

P08用ホルスター

手袋

乗馬ズボン

乗馬ブーツ

《 双眼鏡 》

《 マップケース 》

《 陸軍下士官 》

M35ヘルメット
M36野戦服
サスペンダー
P08用ホルスター

MP38/MP40短機関銃用マガジンポーチ

MP38またはMP40短機関銃

1941年以降の軍装

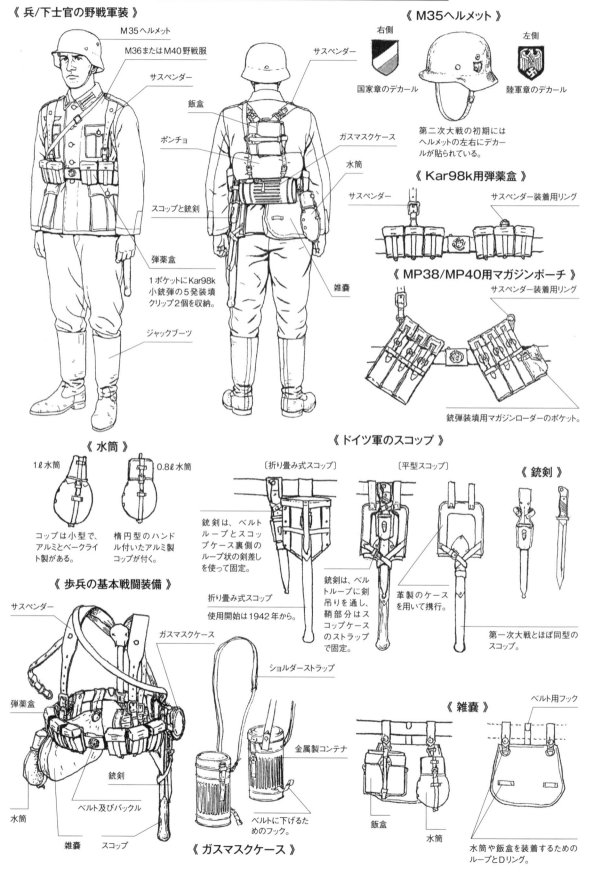

《 兵/下士官の野戦軍装 》

- M35ヘルメット
- M36またはM40野戦服
- サスペンダー
- スコップと銃剣
- 弾薬盒
  - 1ポケットにKar98k小銃弾の5発装填クリップ2個を収納。
- ジャックブーツ

- サスペンダー
- 飯盒
- ポンチョ
- ガスマスクケース
- 水筒
- 雑嚢

《 M35ヘルメット 》

- 右側
- 国家章のデカール
- 左側
- 陸軍章のデカール

第二次大戦の初期にはヘルメットの左右にデカールが貼られている。

《 Kar98k用弾薬盒 》

- サスペンダー
- サスペンダー装着用リング

《 MP38/MP40用マガジンポーチ 》

- サスペンダー装着用リング

銃弾装填用マガジンローダーのポケット。

《 水筒 》

1ℓ水筒

コップは小型で、アルミとベークライト製がある。

0.8ℓ水筒

楕円型のハンドル付いたアルミ製コップが付く。

《 ドイツ軍のスコップ 》

〔折り畳み式スコップ〕

銃剣は、ベルトループとスコップケース裏側のループ状の剣差しを使って固定。

折り畳み式スコップ使用開始は1942年から。

〔平型スコップ〕

銃剣は、ベルトループに剣吊りを通し、鞘部分はスコップケースのストラップで固定。

革製のケースを用いて携行。

《 銃剣 》

第一次大戦とほぼ同型のスコップ。

《 歩兵の基本戦闘装備 》

- サスペンダー
- 弾薬盒
- 水筒
- 雑嚢
- スコップ
- 銃剣
- ベルト及びバックル
- ガスマスクケース
- ショルダーストラップ
- 金属製コンテナ
- ベルトに下げるためのフック。

《 ガスマスクケース 》

《 雑嚢 》

- ベルト用フック
- 飯盒
- 水筒

水筒や飯盒を装着するためのループとDリング。

1943年以降の軍装

新たにM43野戦服が採用され、野戦ではジャックブーツの他にアンクルブーツの使用率が高くなっていく。

《 兵士の基本装備 》

サスペンダー
M43野戦服
弾薬盒
キャンバス・レギンス
アンクルブーツ

MP40短機関銃
サスペンダー
飯盒
ポンチョ
雑嚢
水筒
折り畳み式スコップと銃剣
ガスマスクケース

《 MP40短機関銃携行の装備 》

M43野戦服
M24手榴弾
MP38/MP40短機関銃用マガジンポーチ
ガスマスクケース
銃剣
折り畳み式スコップ
キャンバス・レギンス
アンクルブーツ

サスペンダー
水筒
雑嚢

《 Gew43半自動小銃携行の装備 》

M43野戦服
M24手榴弾
弾薬盒
Gew43半自動小銃
キャンバス・レギンス
アンクルブーツ

Gew43半自動小銃用マガジンポーチ
サスペンダー
ガスマスクケース
水筒
雑嚢
折り畳み式スコップ

《 突撃砲兵用上衣を着用した装甲擲弾兵 》

ガスマスクケース
銃剣
折り畳み式スコップ

サスペンダー
雑嚢
水筒

このスタイルは、ノルマンディー戦で一部の兵士に着用例が認められる。突撃砲兵用の軍服は、戦車兵用と同じデザインだが、生地の色はフィールドグレーになる。

スプリンター迷彩のヘルメットカバー
突撃砲兵用軍服
弾薬盒
Kar98k小銃

歩兵分隊を支援する機関銃チームは、1個分隊（大戦初期は10名編制）内に1チーム編制され、基本的には機関銃手1名と第2銃手、弾薬手の3名で構成された。他に小隊への火力支援を行う機関銃分隊もある。この分隊は、MG34またはMG42機関銃をラフェッテ（三脚）に搭載し重機関銃として使用した。

《 分隊長の下士官 》

分隊全体の他、機関銃チームの指揮も行う。

双眼鏡

MP38/MP40短機関銃用マガジンポーチ

MP40短機関銃

MP38/MP40短機関銃用マガジンポーチ

光学照準器ケース

《 機関銃用弾薬箱の運び方 》

200発の弾が入った弾薬箱は重いため、行軍中に兵士たちは手持ち以外に様々な方法で携帯した。

肩に載せて携帯する兵士。

小銃を利用しての運搬。

《 MP38/MP40短機関銃用マガジンポーチの装着例 》

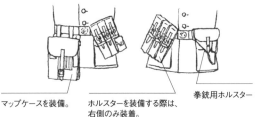

マップケースを装備。

ホルスターを装備する際は、右側のみ装着。

拳銃用ホルスター

《 光学照準器ケース 》

光学照準器は、機関銃を三脚に搭載して使用する際に用いる。

《 機関銃用弾薬箱 》

MG34/MG42用のリンク付き7.92mm×57弾200発を収納。

弾薬箱を片手で2個運べるように、ハンドルは片側に寄せた位置に付いている。

《 機関銃手の装備 》

基本的に個人装備は小銃兵と変わらない。機関銃を装備するので、弾薬盒は未装備。機関銃の他にサイドアームとしてルガー P08やワルサー P38拳銃を装備した。

《 予備銃身ケース（1本用）》

射撃時に加熱した銃身と交換する予備の銃身を収納。

《 機関銃手の軍装 》

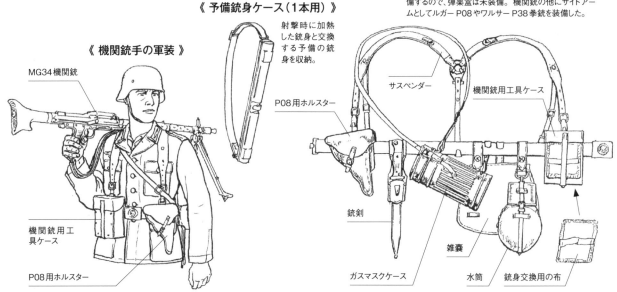

MG34機関銃

機関銃用工具ケース

P08用ホルスター

サスペンダー

機関銃用工具ケース

P08用ホルスター

銃剣

ガスマスクケース

雑嚢

水筒

銃身交換用の布

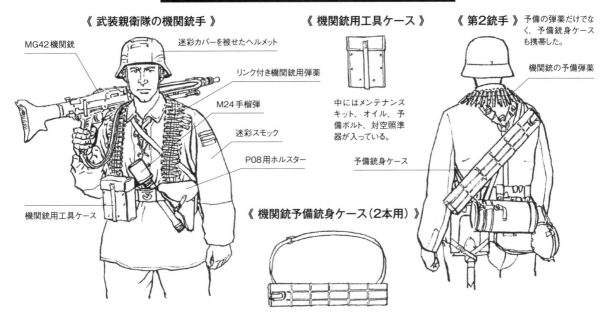

《 武装親衛隊の機関銃手 》

MG42機関銃
迷彩カバーを被せたヘルメット
リンク付き機関銃用弾薬
M24手榴弾
迷彩スモック
P08用ホルスター
機関銃用工具ケース

《 機関銃用工具ケース 》

中にはメンテナンスキット、オイル、予備ボルト、対空照準器が入っている。

《 機関銃予備銃身ケース（2本用）》

《 第2銃手 》
予備の弾薬だけでなく、予備銃身ケースも携帯した。

機関銃の予備弾薬
予備銃身ケース

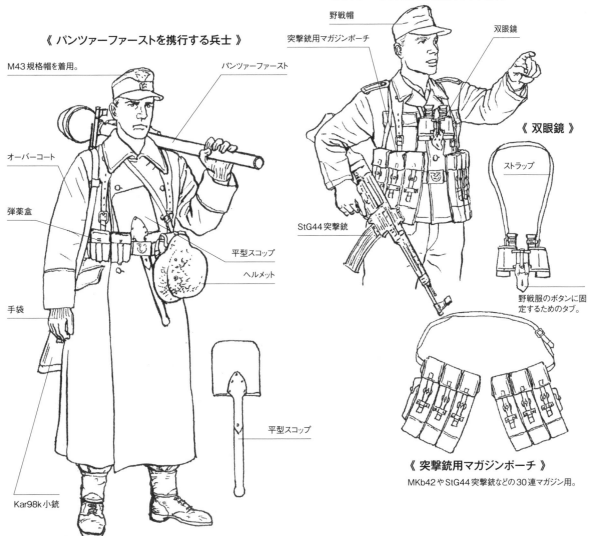

《 StG44突撃銃を装備した下士官 》

野戦帽
突撃銃用マガジンポーチ
双眼鏡
StG44突撃銃

《 パンツァーファーストを携行する兵士 》

M43規格帽を着用。
パンツァーファースト
オーバーコート
弾薬盒
手袋
平型スコップ
ヘルメット
Kar98k小銃
平型スコップ

《 双眼鏡 》

ストラップ

野戦服のボタンに固定するためのタブ。

《 突撃銃用マガジンポーチ 》

MKb42やStG44突撃銃などの30連マガジン用。

ドイツ陸軍の将官をイメージする赤地に金のモール刺繍の襟章。この赤い色は、将官を示している。また、肩章も佐官以下は所属する兵科色になるが、将官の場合は兵科に関係なく赤地である。一方、親衛隊の将軍用徽章類は、黒と銀モールが基本的な組み合せだった。

《 将軍襟章 》 《 陸軍将官 通常軍装 》 《 元帥襟章 》 《 礼服姿の陸軍将官 》 《 将官用オーバーコート 》

赤地に金刺繍

将官用制帽
帽章などは金色。

1941年3月に制定。

襟はダークグリーン。

襟には兵科色のパイピングが入る。

受章した各種勲章。

襟はダークグリーン。
徽章は金モール刺繍。
フィールドグレーの制服。

将官用飾緒

下襟は将官を示す赤色。

乗馬ズボン

サーベル

乗馬ブーツ

ズボンの両側には赤のストライプが入る。

礼装時に着用する短剣。

ストレートズボン
色はダークグレー系、兵科色の縦線が側面に入る。

《 革製オーバーコートの元帥 》

《 名誉大佐 》

功績のあった軍人に対して与えられる称号。第二次大戦時にはルントシュテット元帥に与えられている。

オーバーコート
色は黒やグレーなどでボタンは金色。

名誉大佐の肩章は元帥と同じ。

襟章

元帥杖

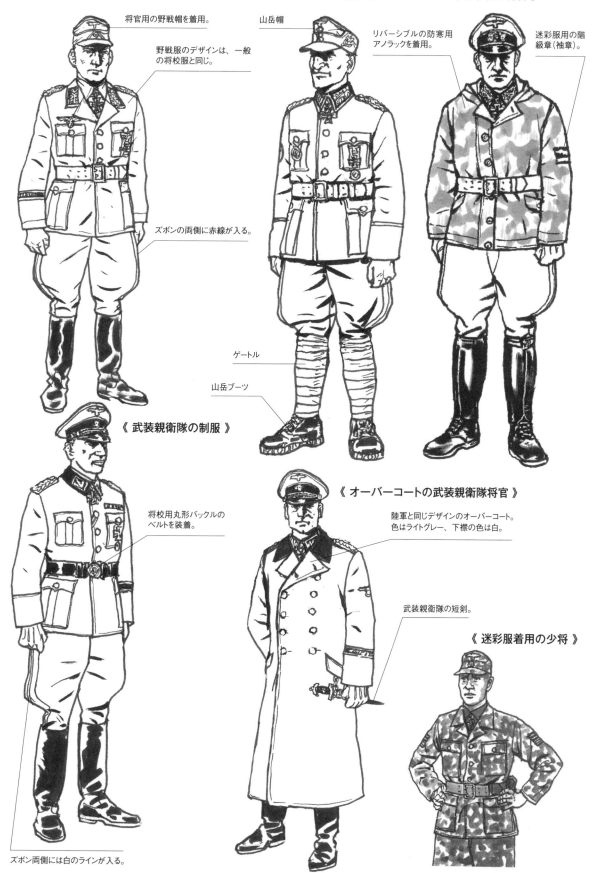

《 北アフリカ戦線の熱帯服（野戦軍装）》

将官用の野戦帽を着用。

野戦服のデザインは、一般の将校服と同じ。

ズボンの両側に赤線が入る。

《 山岳師団の将官 》

山岳帽

ゲートル

山岳ブーツ

《 冬季戦の将官 》

リバーシブルの防寒用アノラックを着用。

迷彩服用の階級章（袖章）。

《 武装親衛隊の制服 》

将校用丸形バックルのベルトを装着。

ズボン両側には白のラインが入る。

《 オーバーコートの武装親衛隊将官 》

陸軍と同じデザインのオーバーコート。色はライトグレー、下襟の色は白。

武装親衛隊の短剣。

《 迷彩服着用の少将 》

陸軍の野戦服

ドイツ陸軍が第二次大戦中に兵／下士官に対して支給した
ウール製野戦服は、M36、M40、M41、M42、M43、
M44の5種類だった。戦争が進むにつれ、生地の節約と
生産効率を上げるための改良が行われ、その仕様は簡略
化され、また生地の質も低下していった。

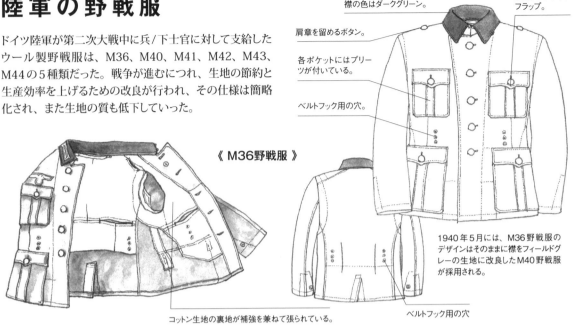

襟の色はダークグリーン。

波型のポケット
フラップ。

肩章を留めるボタン。

各ポケットにはプリー
ツが付いている。

ベルトフック用の穴。

《 M36野戦服 》

1940年5月には、M36野戦服の
デザインはそのままに襟をフィールドグ
レーの生地に改良したM40野戦服
が採用される。

コットン生地の裏地が補強を兼ねて張られている。

ベルトフック用の穴

《 内蔵サスペンダー 》

弾薬盒や雑嚢などを装着したベルト
を保持するフックを吊るためのサスペ
ンダー。野戦服の裏地に装着する。

内蔵サスペンダー

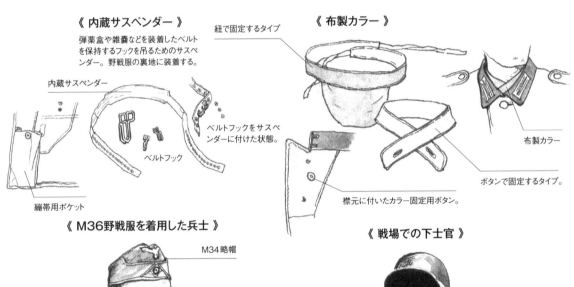

ベルトフックをサスペ
ンダーに付けた状態。

ベルトフック

繃帯用ポケット

《 布製カラー 》

紐で固定するタイプ

布製カラー

ボタンで固定するタイプ。

襟元に付いたカラー固定用ボタン。

《 M36野戦服を着用した兵士 》

M34略帽

襟章

肩章

陸軍胸章

2級鉄十字章のリボン

《 戦場での下士官 》

野戦では襟元を開けて
いた兵士が多い。

袖口は、ボタン
でサイズ調整が
でき、袖を捲り上
げることもできる。

《 M43野戦服 》

戦線での消耗を補うため、M42野戦服をさらに簡略化した
M43野戦服が採用される。ウール生地へのレーヨン混紡率
が高くなった。

《 M40野戦服 》

M36野戦服でダークグリーン色
だった襟や肩章は、1940年以
降、野戦で目立たないように色が
フィールドグレーに変更された。

《 ライヒスヘールの野戦服 》

ポケットフラップの形
状が直線になる。

ポケットプリーツを廃止。

ボタンが6個となる。

下ポケットの形
状も異なる。

M36野戦服採用
前のライヒスヘー
ル（ヴァイマル共
和国軍）時代の
野戦服。

ポケットのフラップ
は波型。

プリーツが廃止さ
れた。

《 熱帯野戦服 》

北アフリカ戦線など熱帯地域用に作られた野戦服。オリーブ
グリーン色の生地で作られている。

《 M42野戦服を着た下士官 》

服地の化繊混紡率が高くなったことで、
服の型崩れを防止するため、前合わせの
ボタンは6個に増えた。

《 熱帯野戦服 後期型 》

熱帯服も1943年9月以降に生産されたも
のは、ポケットプリーツが省略されている。

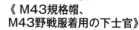

《 M43規格帽、
M43野戦服着用の下士官 》

生地の品質が落ちたM43野戦服から、
色はこれまでのフィールドグレーからマウス
グレーなどの色調となる。

《 M44野戦服 》

1944年になると物資不足が顕著になり、大幅にデザインが
簡略化された。生地も化繊の混紡率が高くなるだけでなく、
再生ウールも使用されるようになった。

丈が短い短ジャケット型となる。

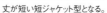

《 M44野戦服の兵士 》

M44野戦服は、全軍共通野戦
服として採用された。

作業服

1933年、陸軍はリネンの杉綾織り生地で作られた作業服を採用。兵／下士官に支給されたこの作業服は、新兵の教練、雑役から演習などで使用されるものだった。しかし、第二次大戦が始まるとヨーロッパ戦線向きの防暑服を持っていなかった陸軍では、本来の用途だけでなく夏季用戦闘服として兵から将校まで幅広く使用された。

野戦服型HBT（M42）

《 野戦服型HBTの兵士 》

M33作業服を大幅に改修し、野戦服型で作られた。俗にM42作業服と呼ばれる。色はM33と同じリードグリーン。

《 作業服を改造し、着用している将校 》

将校は作業服を改造し、夏季用野戦服として着用した。襟（ダークグリーン）とポケット（プリーツ付き）を改造している。

《 コットン製デニム生地で作ったグレーの野戦服を着た将校 》

将校の着ている夏季用野戦服はM36野戦服と同じデザインでオーダーメイドされたものが多い。

《 M42作業服を着たグロースドイッチュラント師団の兵士 》

作業服は本来、階級章以外の徽章は付けない規定があった。しかし、戦場では野戦服の規定に沿った形で各種徽章を付けて使用された。イラストの兵士も服に襟章と袖章を付けている。

野戦服型HBT（M43）

M42で使用されていた天然リネン生地に代わり、合成繊維を使った生地で作られている。そのため色は濃いグリーンからグレーがかったグリーンになった。ポケットフラップも波型からストレートのデザインに変更されている。

《 前線でM42作業服を使用している将校 》

前線では将校もオーダーメイド品ではない、官給品の作業服を野戦服として使用することもあった。

《 M42作業服の戦車兵 》

M42作業服は戦車兵にも支給された。戦車兵も当初は、車両整備の際に着用するだけであったが、大戦後半以降は野戦服として使用している。

戦車兵用HBT作業服

《 1943年に採用された戦車兵用作業服
初期型を着用した戦車兵 》

《 戦車兵用作業服の後期型 》

《 作業服を着用した戦車兵士官 》

色はリードグリーン。初期型の
作業服には胸ポケットはない。

上衣とパンツに大型の
ポケットが追加された。

上衣の前合わせはダブルになっている。

1933年に採用されたM33とも呼ばれるHBT
作業服。生成り生地で作られ、上衣は胸ポケッ
トがなく、裾側2カ所のみに設けられている。

戦車兵用作業服

黒色戦車服の上からでも着用でき
るように胸元のボタンは2列配置。

大型の胸ポケット。

HBT作業服（M33）

《 M33作業服を夏季用野戦服として使用する兵士 》

《 M33作業服の
戦車部隊整備兵 》

戦車部隊の車両整備中隊では、
作業服がメインの制服だった。

M33作業服の色は、1940年2月、リー
ドグリーンに改められた。戦場で目立
たない色になったことで、代用の夏季
野戦服として使われるようになる。

冬季防寒服

ドイツ軍は1941年から1942年にかけて、東部戦線の厳しい冬をオーバーコートなどの不十分な防寒装備で戦った。その経験から1942年の秋以降、新たな防寒ユニフォームが登場する。

《 雪中迷彩用に白色カバーを付けたヘルメット 》

カバーを用いずに白くペイントする場合もあった。

オーバーコート

《 オーバーコート着用の兵士 》

首回りの風や寒気を防ぐために兵士はマフラーや防寒トークを多用した。

手袋

弾薬盒

Kar98k小銃

M42オーバーコート

戦闘装備はオーバーコートの上から装着する。

《 防寒トーク 》

筒形のニット製頭巾。

《 M35略帽 》

折り返し部分を降ろすと耳当てになる。

《 防寒帽 》

内側に毛皮のファーが付く。他にも数種類の防寒帽が使用されている。

《 M42オーバーコート姿の機関銃手 》

防寒トーク

MG42機関銃

手袋

機関銃用工具ケース

M42オーバーコート

P08用ホルスター

襟の改良が行われたが、ウール製のコートは重くかさばるだけでなく、極寒地での防寒性能が充分ではなかった。しかし、防寒アノラックの採用後も前線での使用は続けられている。

《 M36オーバーコート 》

襟はダークグリーン。

M36に比べて襟が大きくなった。

《 歩哨用オーバーコート 》

《 M42オーバーコート 》

スリット式のハンドウォーマー・ポケットを増設。歩哨用にポケットが増設されたため歩哨用オーバーコートと呼ばれる。

敵味方識別腕章

腕章用のボタン

《 スノースモック 》

コットン生地で作られた
雪中迷彩用スモック。

《 防寒アノラック 》

1942 年に採用されたリバーシブル
防寒アノラック。初期型はグレーと
白のリバーシブル。

《 防寒用手袋 》

ウールニットの軍手
手首部分のラインの本
数はサイズを示す。

アノラック用ミトンに使用
するインナーミトン
この他に各種ミトンが使
われている。

リバーシブルのミトン
迷彩アノラックととも
に採用された。

《 防寒ブーツ 》

ジャックブーツ型
革とフェルト（くるぶしから上）
のコンビネーションタイプで、
ストラップが付いており上部
を締めることができる。

前部に革の補強が入ったタイプ。

オーバーブーツ
通常のブーツの上から履け
る防寒ブーツ。構造上、動
きが制限されることから、主
に後方勤務部隊や歩哨任
務の際に使用された。

《 迷彩アノラックを着た兵士 》

グレー色タイプに代わり採用された迷彩タイプ。陸軍の迷彩はスプリンターパ
ターンとウォーターパターンの２種類。

《 防寒アノラックを
着用した兵士の装備 》

ヘルメット

防寒トーク

サスペンダー

アノラック上衣

Gew43用
マガジンポーチ

機関銃予備
銃身ケース
（2本用）

Kar98k用弾薬盒

敵味方識別腕章

ウール製軍手

アノラック・ズボン

防寒ブーツ

折り畳み式スコップ

防寒ブーツ

Gew43半自動小銃

ガスマスクケース

水筒

雑嚢

アフリカ軍団

エジプト攻略に失敗し、イギリス軍の反攻を受けていたイタリア軍に対して、ドイツはイタリア軍の支援を決定。1941年2月、ロンメル将軍を指揮官としたアフリカ軍団が北アフリカに派遣された。

《 アフリカ軍団の袖章 》

AFRIKA KORPS

1941年6月18日制定。北アフリカ戦線に2か月以上従軍したものに与えられた。

アフリカ軍団の下士官

防暑帽

熱帯服

熱帯服は、オリーブグリーンのコットン生地を用いて開襟型でデザインされている。ボタンも服地と同系色で塗装。徽章はカーキ地にグレーの刺繍となっていた。

ブリーチ型ズボン

野戦服型の他に熱帯用プルオーバータイプ・シャツも支給された。

編み上げ式のロングブーツ

戦闘装備の兵士

Kar98k小銃

ヘルメット
サンドカラーで塗装。

機関銃用弾薬箱

キャンバス製ベルト

キャンバス製サスペンダー

M24手榴弾

弾薬盒

熱帯服

ブリーチ型ズボン

編み上げ式のロングブーツ

《 熱帯用編み上げ式ロングブーツ 》

靴底とつま先、踵は革製。くるぶしから上がキャンバスで作られた長靴。

靴底には鋲が打たれている。

《 熱帯用アンクルブーツ 》

長靴同様に革とキャンバス生地のコンビネーション型。色は革部分が茶色でキャンバスはオリーブグリーン。

熱帯用シャツの兵士

熱帯用ハーフパンツ

熱帯用アンクルブーツ

ハーフパンツのウエスト部分にはベルトを内蔵。

《 略帽と規格帽 》

熱帯服と同じ色で作られた布製。

略帽

規格帽

《 防暑帽 》

帽体はコルク素材を成形したもので、カーキの布張りと
フェルト生地を張った2種類が支給された。帽体の右に
国家色章、左に陸軍徽章が付けられている。

布張りタイプ

フェルト張りタイプ

帽子の裏地は、放熱
効果を得るため赤い
生地が張られている。

個人戦闘装備

砂漠の乾燥した気候により革製品の耐久性
が落ちるため、装備はキャンバス製で作られ
た。なお、弾薬盒は革製が使われている。

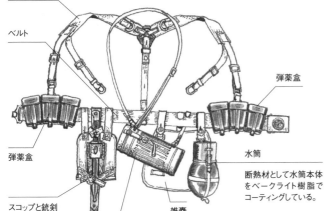

- サスペンダー
- ベルト
- 弾薬盒
- 弾薬盒
- スコップと銃剣
- 水筒
- 雑嚢
- ガスマスクケース

サンドカラーで塗装。

断熱材として水筒本体
をベークライト樹脂で
コーティングしている。

1942年から使用が始まった熱帯服

各ポケットのプリーツを廃止。
さらにフラップも直線状に
なった。

ストレート型のズボンも採用。

《 リュックサック 》

ストラップ類も革ではなく、キャンバス
製タイプを使用している。

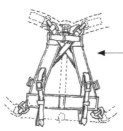

Aフレームには各種備品を装着。

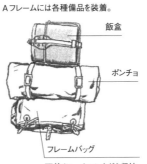

- 飯盒
- ポンチョ
- フレームバッグ

下着やレーションなどを収納。

《 Aフレーム 》

1939年に採用された装備携行
用のフレーム。サスペンダーのD
リングとストラップに取り付けて使
用。この装備も革製ストラップが
コットン製になっている。

《 ゴーグル 》

砂漠では防塵のため必需品。
簡易なものからパイロットゴー
グルまで様々なタイプを使用。

《 ストレート型ズボン 》

ウエスト部分に
はベルトを内蔵。

裾はボタンで絞るこ
とができる。

熱帯用オーバーコート
着用の機関銃手

- 規格帽
- キャンバス製
  サスペンダー
- 水筒
- 熱帯用オーバーコート
- P08用ホルスター
- 機関銃用工具ケース
- MG42機関銃

《 キャンバス・レギンス 》

戦車兵

黒の戦車服は、19世紀プロイセン時代の軽騎兵と同様にエリート部隊であることを戦車兵に意識させるためにデザインされたといわれている。陸軍は、1934年に黒の戦車服を採用。その後は武装親衛隊、空軍の機甲部隊でも使われ、ドイツの戦車兵＝黒の戦闘服をイメージするほどになった。

略帽スタイルの戦車兵

- 略帽
- ヘッドフォン
- 咽頭マイク
- 襟章
- 襟回りの兵科色（ローズピンク）は1939年に廃止。
- 通話切り替えスイッチ
- 戦車服
- ベルト
- ジャックブーツ

自走砲兵

- 戦闘中は、ヘルメットを着用することが多い。
- 自走砲兵服
- アンクルブーツ

初期の戦車兵

- 戦車ベレー
- 射撃優秀者飾緒
- ベレー用帽章
- 戦車服
- スペイン従軍章（戦車部隊）
- 2級鉄十字章
- スペイン従軍章

《 国防軍の袖章 》

スペイン内乱従軍章

グロースドイッチュラント部隊章

ヘルマン・ゲーリング部隊章

アフリカ軍団部隊章（陸軍）

アフリカ従軍章（陸海空軍）

メッツ従軍章

クールラント従軍章

袖章は、部隊章と従軍章になり、戦車兵以外も関係する将兵は上衣の袖に付けた。

《 ベルトのバックル 》

陸軍（兵／下士官用）

親衛隊（兵／下士官用）

空軍（兵／下士官用）

国防軍将校用（親衛隊も使用）

親衛隊将校用

空軍第1降下装甲師団ヘルマン・ゲーリングの戦車兵（曹長）

アフリカ軍団の戦車兵（少尉）

- 下襟にドクロ章が付く。
- 徽章は空軍のもの。

服は陸軍と同じ戦車服を使用。

熱帯用の戦車服は作られていなかったので、北アフリカ戦線では歩兵と同じ野戦服を着用した。

武装親衛隊戦車兵（軍曹）

- 武装親衛隊の帽章。
- ドット迷彩の戦車服を着用。
- 武装親衛隊のバックルが付いたベルト。

《 大戦初期の戦車兵 》

戦車ベレー
頭部保護用のライナーを内蔵。

《 装甲部隊の音楽隊員 》

この兵士は、まだ国防軍成立前のためベレーに鷲章は付いていない。

《 武装親衛隊戦車兵 》

最初、陸軍と同型の服を使用していたが、1941年以降は独自の服を採用する。陸軍型と比べ、襟は小さく着丈が若干短い。

《 戦車兵の各種勲章/徽章 》

射撃優秀者飾緒

スペイン従軍章

《 空軍ヘルマン・ゲーリング師団戦車兵 》

肩章の縁はピンク

一般突撃章

襟章の台布と襟の縁は白色。

副官の参謀用飾緒

国家スポーツ章

服は陸軍と同型。

戦車撃破章

戦傷章

剣付1級十字章

右袖に師団名の袖章が付く。

襟章の縁は白黒の兵科色が入る。

ドイツ十字章

戦車突撃章

《 装甲工兵隊員 》

《 グロースドイッチュラント
師団の戦車部隊将校 》

《 自走砲兵 》

同師団所属の将兵は師団名の袖章を右袖に付けた。

装甲工兵は架橋用器材、爆薬など装備して戦車部隊に随伴し、攻撃を支援した。

自走砲兵は、砲兵なのでフィールドグレーの戦車服を着用したが、大戦後半になると、対戦車自走砲部隊の隊員も戦車兵と同じ黒服を使用するようになる。

《 1939年～40年頃の戦車兵（曹長）》

陸軍の戦車服は1934年に採用され、改良されながら終戦まで使用された。上衣はダブルブレスの短ジャケット型。襟章と襟の縁には機甲部隊を示すローズピンクのパイピングが使われていた。

略帽は歩兵と同じデザインで色は黒。

襟章のドクロは、19世紀のプロイセン時代の軽騎兵のドクロ章を参考にデザインされている。

襟のパイピング（ローズピンク）は1939年に廃止される。

陸軍の国家章

襟章

背部は2枚の生地を中央で合わせて作られている。

腰部分の左右にはベルトフックが付く。

《 襟章の種類 》

空軍将校 （ローズピンク）	武装親衛隊将校 （銀の縁取り）	突撃砲 （ブライトレッド）	装甲工兵 （黒と銀）	装甲偵察 （ゴールデンイエロー）	戦車 （ローズピンク）

《 陸軍戦車兵将校 》　《 突撃砲兵 》　《 戦車兵用作業服ツーピース 》　《 作業用つなぎ 》

将校制帽

将校用ベルト

P38用ホルスター

突撃砲兵襟章

フィールドグレーのズボン

フィールドグレーの戦車服

P08用ホルスター

有名な戦車エース、オットー・カリウスは、母親手製の略帽を着用していた。

肩章や徽章を追加。

作業服を夏季用の戦車服として使用。

ツーピース作業服以外につなぎも支給された。通常は車両整備の際に着用するものであるが、肩章などを付けて野戦用にも使用した。

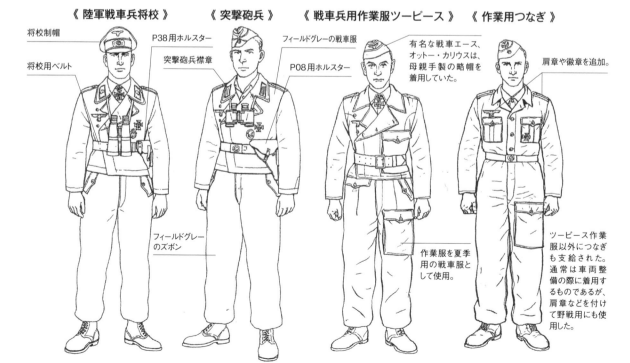

護身用に常備する拳銃用のホルスターは、左腰の前か後方に装着。イラストはP38用ホルスター。

戦車兵下士官

下士官制帽

襟はこのように閉じることができる。

袖には下士官識別の銀線2本が入る。

冬季の陸軍戦車隊将校（1942年冬）

制帽

マフラーまたはトーク

アノラック上衣

歩兵と同じ防寒アノラックを使用。

双眼鏡

アノラックはリバーシブル。裏は陸軍のスプリンター迷彩。

P08用ホルスター

アノラック・ズボン

P38用ホルスター

北アフリカ戦線の戦車隊将校

熱帯規格帽とゴークル

上衣はポケットにプリーツが付いた初期型。

編み上げ式ロングブーツ

北アフリカ戦線の戦車隊隊員

黒の略帽

北アフリカ戦線でも好んで被っている者がいた。

被服は、基本的には歩兵と同じ。

双眼鏡

マップケース

P38用ホルスター

スプリンター迷彩戦車服の乗員

戦車兵用M43規格帽

陸軍では正規の戦車兵用迷彩服がなかったので、個人や部隊単位でポンチョを利用して作製していた。

《 陸軍/武装親衛隊/空軍 階級章・徽章例 》

 将校用M36略帽

 将校用制帽

M38略帽
（1940年3月から使用）

ベレー帽
（1941年1月に廃止）

 突撃砲教導大隊少佐

 装甲擲弾兵師団グロースドイッチュラント中尉

 装甲工兵上等兵

第4戦車連隊伍長
（袖章は中隊先任下士官用）

空軍略帽

戦車兵用M43規格帽

将校用制帽

武装親衛隊略帽

 空軍野戦師団ヘルマン・ゲーリング空軍戦車兵曹長

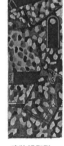 武装親衛隊迷彩戦車服

 武装親衛隊下級中隊指揮官（少尉）

 武装親衛隊アドルフ・ヒトラー師団上級小隊指揮官（上級軍曹）

《 陸軍と武装親衛隊の戦車服の相違 》

親衛隊

陸軍

前合わせが直線で、丈が短い。　襟が小さい。

前合わせが斜めになっている。

左腕に親衛隊国家章　　　右胸に陸軍国家章

《 帽章 》

親衛隊帽章

陸軍帽章

革製ハーフコート着用の武装親衛隊戦車兵将校

武装親衛隊の一部の戦車部隊は、1943年以降、海軍の兵/下士官用革コートとズボンを防寒用衣服として使用した。

革製ハーフコート

ヘルマン・ゲーリング師団の戦車兵将校

空軍将校制帽

空軍国家章

部隊名袖章

武装親衛隊戦車兵

武装親衛隊の襟章

武装親衛隊の戦車服

武装親衛隊の略帽

左腕に国家章を装着。

革製オーバーズボン

オートバイ兵

ドイツ陸軍は、歩兵部隊を機械化するにあたり、オートバイを機動力とする1個狙撃兵大隊を装甲師団に編制した。そしてポーランドやフランスでの電撃戦、独ソ戦の初期まで活躍している。その後は、オートバイから兵員輸送車両への移行や機械化部隊の改編に伴い、オートバイ狙撃兵大隊は廃止された。

オートバイ乗車時のスタイル

ヘルメットとゴーグル

襟は初期型がダークグリーン、後期型はフィールドグレー。

ガスマスクケースは首からかける。

グローブを装着。

Kar98k小銃

マップケース

オートバイコートを着用した兵士

コートの上からサスペンダーとベルトを装着。

襟を閉じている。

弾薬盒

前合わせ固定用ボタン

前合わせはコートに付いているベルトとボタンを使って閉じる。

オートバイ搭乗員用コートとして1934年に採用された。ゴム引き布で作られており、防水性に優れていたことから、戦地ではオートバイ兵だけでなく一部の下士官や将校なども使用している。

オートバイにまたがりやすいようにコートの裾は足に巻き付けることができた。

119

《 オートバイ兵が使用した各種ゴーグル 》

ゴーグルは、民間型のオートバイ用ゴーグル
や軍用の防塵ゴーグル、航空機搭乗員用、
山岳兵用など各種のタイプが使用された。

《 グローブ 》

季節や地域に合わせて様々な種類が使われている。

3本指型ミトン

防寒ミトン

《 東部戦線冬季のオートバイ兵 》

極寒となる東部戦線の冬季には、フィルター
を外したガスマスクを防寒マスク代わりに使
用するオートバイ兵もいた。

《 熱帯地域用コート 》

オリーブグリーンのコットン生地製。
デザインはゴム製と同型。主に北
アフリカ戦線で使用された。

マズルカバー

銃口にも銃身内に異物が入ら
ないようにカバーを装着。

《 野戦憲兵の
オートバイ兵 》

前線での交通整理や
パトロールなどの際に
はゴルゲットを装備。

小銃用防塵カバー

《 小銃用防塵カバー 》

銃の機関部を砂塵な
どから保護するための
ものだが、カバーを装
着すると素早く外せな
いので、前線で使用
している例は少ない。

ガスマスクケースは
このような吊り方も
されている。

迷彩服

第二次大戦では、各国の軍隊が迷彩服を採用した。中でもドイツ軍が使用した迷彩服は各国に比べると迷彩効果が高く、デザインにおいても優れていた。

《 陸軍ウォーターパターン迷彩の防寒アノラック 》

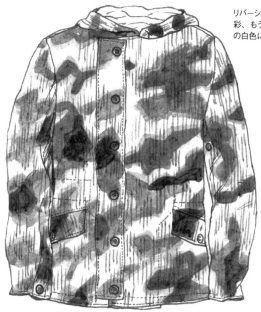

リバーシブルの片面は迷彩、もう片面は冬季用の白色になっている。

《 防寒アノラック一式 》

上衣、ズボン、ミトンのいずれも迷彩／白色のリバーシブル。

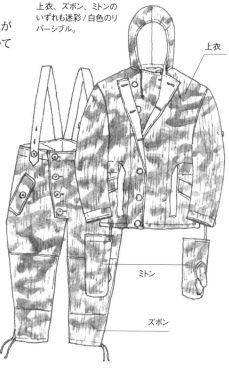

上衣

ミトン

ズボン

《 ウォーターパターンの防寒フード 》

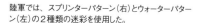

陸軍では、スプリンターパターン（右）とウォーターパターン（左）の2種類の迷彩を使用した。

陸軍の迷彩

《 スプリンターパターン 》

1931年、ドイツ軍がポンチョ用に採用した迷彩パターン。色は緑系が強い春夏と茶系が強い秋用の2系色ある。第二次大戦が始まると、迷彩はポンチョ以外に被服やヘルメットカバーなどにも採用される。

《 ウォーターパターン 》

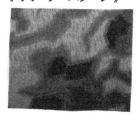

迷彩効果を高めるため、スプリンターパターンの直線的な輪郭線をぼかした迷彩。1943年に採用。同じパターンで明度を暗くした1944年型もある。

武装親衛隊の迷彩

《 Eパターン"しゅろの樹" 》

武装親衛隊における迷彩被服の導入は早く、1938年にAパターン"すずかげの樹"が迷彩スモック用として採用。Eパターン"しゅろの樹"は、1940年に採用となり、1942年まで生産された。

《 Eパターン"柏の葉" 》

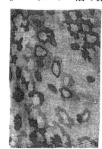

1940～1945年まで生産されたEパターンの1種。各迷彩生地は、スモック以外にヘルメットカバー、ポンチョなどにも使用。

《 ドットパターン"えんどう豆" 》

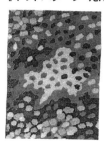

1944年に採用されたことから、"M44ドット迷彩"などとも呼ばれる。このパターンは野戦服、戦車服などに使用。

各種迷彩服

《 ノルマンディー戦でウォーターパターンの迷彩スモックを着用した陸軍兵士 》

陸軍の迷彩服採用は親衛隊より遅く、1943年にアノラックやスモックなどの被服に採用。

ヘルメットカバーはスプリンターパターンの迷彩。

弾薬盒

サスペンダー

ウォーターパターンの迷彩スモック

銃剣とスコップ

弾薬盒

Kar98k小銃

《 ウォーターパターンのヘルメットカバー 》

陸軍では支給品の他に、兵士がポンチョを利用して自作したものも多く使われている。

偽装用に金網を流用。

《 1944年7月、ワルシャワ蜂起の空軍地上部隊ヘルマン・ゲーリング師団兵士 》

サスペンダー

陸軍のスモックを着用。

M24手榴弾

Kar98k小銃

《 ノルマンディー戦線の降下猟兵 》

空軍も降下スモックにスプリンターパターンとウォーターパターンの迷彩を採用。空挺ヘルメット用の迷彩カバーも作られている。

《 スプリンターパターンの防寒アノラックを着た兵士 》

ヘルメットにも迷彩カバーを装着。

防寒アノラック上衣

弾薬盒

サスペンダー

M24手榴弾

迷彩降下スモック

Kar98k小銃

銃剣

《 ポンチョを改造した迷彩ベストを着用する自走砲兵 》

戦争後半には、軍の正規品以外にポンチョを利用して野戦服、戦車服、規格帽などの多くの非正規品も作られている。

《 大戦後期の降下猟兵 》

偽装用ネット付きの通常型ヘルメットを着用。

大戦後期、地上戦闘部隊として運用された降下猟兵の中には、一般型のヘルメットを使用する者もいた。

山岳猟兵

ヨーロッパ・アルプスに国境を持つドイツでは、山岳地帯専門の部隊が編制されていた。山岳部隊の隊員は、戦闘だけでなく山岳地帯での登攀やスキー技術も求められ、"山岳猟兵"と呼ばれるエリート兵士たちだった。

《 ヴィントブルゼ 》

ハーフコート型の防風ジャケット。

《 山岳猟兵部隊章 》

アルプスに咲く高山植物のエーデルワイスをモチーフにデザインされている。

《 山岳猟兵の制帽 》

兵科色はライトグリーン。

制帽用帽章

《 山岳帽 》

1943年に採用された規格帽よりつばが短い。

山岳帽用部隊章を左側に付ける。

《 ヴィントヤッケ 》

プルオーバー式のフード付き山岳ヤッケ。カーキ色と白のリバーシブル。

下士官の野戦軍装

- 山岳帽
- 山岳猟兵の部隊章
- サスペンダー
- M40野戦服
- MP40短機関銃用マガジンポーチ
- MP40短機関銃
- 山岳ズボン
- 一般部隊のズボンより太く作られている。
- ゲートル
- 山岳靴

山岳猟兵の戦闘装備

- スノーゴーグル
- マフラー
- ヴィントヤッケ
- 弾薬盒
- M31山岳リュック
- 山岳部隊用1ℓ水筒
- Gew33/40小銃
- ピッケル
- 山岳レギンス
- ゲートルに代わり1943年に採用。

M31山岳リュック

- ヘルメット
- 飯盒　雑嚢　水筒

山岳猟兵は、戦闘装備の他、登攀、野営用の装備も携帯するので大型のリュックを使用した。

《 山岳靴 》

ソールには側面をガードする鋲が打たれている。

山岳猟兵は、偵察やパトロール任務などの移動手段としてスキーも利用した。

スキー猟兵部隊は、冬期の戦場でスキーの移動力を利用し、偵察や攻撃を行うため歩兵部隊において編制された。

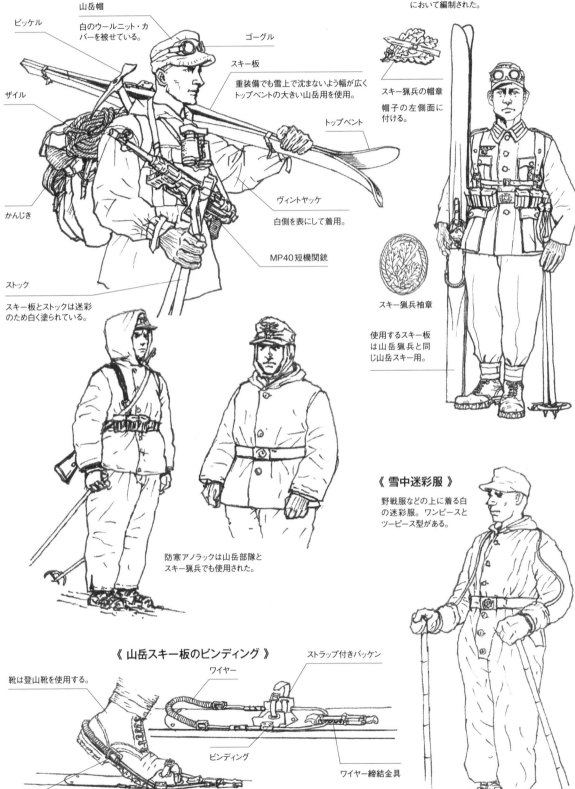

ピッケル

山岳帽
白のウールニット・カバーを被せている。

ゴーグル

スキー板
重装備でも雪上で沈まないよう幅が広くトップベントの大きい山岳用を使用。

トップベント

ザイル

かんじき

ヴィントヤッケ
白側を表にして着用。

MP40短機関銃

ストック
スキー板とストックは迷彩のため白く塗られている。

防寒アノラックは山岳部隊とスキー猟兵でも使用された。

スキー猟兵の帽章
帽子の左側面に付ける。

スキー猟兵袖章

使用するスキー板は山岳猟兵と同じ山岳スキー用。

《 雪中迷彩服 》
野戦服などの上に着る白の迷彩服。ワンピースとツーピース型がある。

《 山岳スキー板のビンディング 》

靴は登山靴を使用する。

ワイヤー

ストラップ付きバッケン

ビンディング

ワイヤー締結金具

雪上歩行のため、ビンディングのワイヤーは踵が上がる構造になっている。

狙撃兵

ドイツ軍は、狙撃兵の教育に力を入れ、西部戦線や東部戦線で有効的に活用した。また、狙撃兵は射撃技術だけでなく、偽装技術にも長けており、敵から発見されにくくするため、迷彩服以外に様々な方法で偽装を施した。

陸軍の狙撃兵

目標確認のため双眼鏡も装備。

スプリンター迷彩のスモック。

ベルトに藁束を差し込み偽装する東部戦線の武装親衛隊兵士。

ZF39スコープを装着したKar98k狙撃銃。

ヘルメットカバーに付属するループにも枝葉を差し込んでいる。

迷彩スモックとヘルメットカバー、フェイスベールを使用した武装親衛隊の機関銃チーム。

フェイスベール

《 スターリングラード戦における陸軍の狙撃兵 》

ヘルメットに麻袋を利用したカバーを付けている。

M43規格帽の折り返しフラップ部分と肩章に枝葉を差し込み偽装。

武装親衛隊が1942年4月に採用。狙撃兵、機関銃チーム、偵察隊員などが使用。

《 陸軍の迷彩フェイスマスク 》

《 偽装ネット 》

ノルマンディー戦で使われていたベスト型の偽装用ネット。ヘルメットにもネットを被せ、全身を草や枝葉で偽装した。

ポンチョを改造して作製。この他にも、目の部分だけ開けた簡易タイプなどもある。

戦闘工兵

戦闘工兵は、敵前での渡河、地雷や障害物の排除、トーチカなどの火点陣地破壊を行い、歩兵部隊の攻撃を支援する部隊である。そのため様々な装備を使用している。

爆破作業を行う突撃工兵

ワイヤーカッター

爆薬を入れた木箱に柄を付けてトーチカなどの破壊に用いる。

爆薬

発煙筒

戦闘工兵隊員の野戦軍装

突撃パック

M24手榴弾

《突撃パック（背嚢タイプ）》

カーキキャンバス製でサスペンダーに装着。パックは背中側にポンチョやレーションなども収納できる構造になっている。

《突撃パック（右腰用）》

3kg爆薬1個を収納する。左腰用には1kgと2kg爆薬を収納した。

飯盒

3kg爆薬2個を収納

水筒

雑嚢

P08用ホルスター

ガスマスク

小銃弾用ポケット

《各種爆薬》

信管用ソケット

120g
200g
1kg
3kg
10kg

爆薬は破壊する目標に合わせて使い分けた。

《ワイヤーカッターとノコギリのケース》

ノコギリとワイヤーカッター

ノコギリ

ワイヤーカッター

対戦車地雷

火焔放射器を装備した工兵

圧縮燃料ボンベ

点火用水素ボンベ

防炎フェイスシールド

放射ノズル

燃料放出コック

Tmi35
炸薬4.9kg、起爆重量79.3～181.4kg

《対戦車地雷》

地雷は対戦車戦闘以外に遅延信管を付けることで爆薬としても使用できた。

Tmi43
炸薬5.5kg、起爆重量100～180kg

革製耐火スーツ

《火焔放射器》

火焔放射器はトーチカや掩蔽壕攻撃に有効な兵器である。最大連続放射時間は約10秒。そのため短く区切り、数度に分けて放射を行う。

FmW35火焔放射器
重量：35.8kg、射程：25m～30m

FmW41火焔放射器
空挺部隊用小型モデル。空挺以外の部隊でも使用された。
重量：18kg、射程：25m～30m

降下猟兵

世界に先駆けて空挺作戦を行ったことで知られるドイツ空軍降下猟兵部隊。その歴史は1936年の降下学校開設に始まり、1945年の終戦までと短かったが、この短い期間に様々な専用軍装が開発・採用された。

略帽 — 兵／下士官の一般的なスタイルで、他の空軍兵と変わらない。

フリーガーブルーゼ

空軍のベルト

ズボン

ジャックブーツ

《 M37空挺ヘルメット 》

最初に採用されたM36空挺ヘルメットを改良したモデル。チンストラップはフックでライナーに連結されており、各ストラップには調節用バックルが付属。側面下部のスリットには、後部チンストラップを外して引っかけることができる。

《 M38空挺ヘルメット 》

M37にあった側面のスリットを廃止。チンストラップもリベットでヘルメットに固定する新型に変更。

《 空挺ナイフ 》

片手で操作できるスライド式のナイフ。空挺ズボンの専用ポケットに収納し携帯。

《 ニーパッド（初期型） 》

初期型はズボンの下に装着した。

降下猟兵の軍装 1937〜1940年

M37空挺ヘルメット

M38 I 型降下スモック（初期型）

個人野戦装備を装着した上からスモックを着用した。

RZ1パラシュートハーネス

RZ1 パラシュート

空挺ブーツ（初期型）

M38空挺ヘルメット

降下猟兵の軍装 1940〜1941年

M38 II 型降下スモック（中期型）

RZ16パラシュートハーネス

空挺グローブ

ニーパッド

ニーパッド（後期型）

パッドの脱着を容易にするため、ズボンの上から装着できるタイプ。

降下ズボン

RZ16パラシュートパック

ドイツ軍は予備傘を装備せず、主傘のみで降下した。

《 空挺ブーツ 》

サイドレース型（初期）　フロントレース型（後期）

降下用に編み上げ式の専用ブーツが作られた

127

《 バンダリア 》

Kar98kを持つ兵士は、弾薬盒を使用せず、バンダリアを用いた。各ポケットには、5発装填クリップ2個が収納できる。

《 MP38/MP40短機関銃用マガジンポーチ 》

マガジンポーチは、一般の歩兵と同じものを使用。

《 空軍降下猟兵章 》

降下訓練修了者に与えられた。

《 ヘルメットカバー 》

偽装用のループが上部と側面に付けられている。

迷彩カバー
スプリンターとウォーターパターン迷彩の2種類ある。

《 小銃用カバー 》

Kar98k小銃の機関部を保護するためのカバー。

《 M38 I型降下スモック 》

ダブルジッパーの履き込み式スモック。色はカーキグリーン。

Kar98k小銃を使用する降下猟兵

MP40短機関銃を使用する降下猟兵

《 P08用ホルスター 》

降下猟兵はルガーP08やワルサーP38などを使用した。

バンダリア

M24手榴弾

MP40短機関銃

MP40短機関銃用マガジンポーチ

Kar98k小銃

迷彩カバーを装着したヘルメット。

迷彩降下スモック

P08用ホルスター

《 M38 II型降下スモック 》

シングルジッパーの履き込み式スモック。ポケットが加えられた。

《 迷彩降下スモック 》

履き込み式からデザインを一新したフルジッパー式。色もこれまでの単色から、スプリンターパターン迷彩となる。大戦後半にはウォーターパターン迷彩も使用された。

《 ガスマスクバッグ 》

バッグはキャンバス生地で作られている。

水筒

ガスマスクバッグ

信号拳銃を携行できるようになっている。

サスペンダーとベルトを連結するためのベルトキーパー。

《 サスペンダー 》

空軍の軽装用で、Dリングなどが付かないタイプ。

128

武装親衛隊（野戦服）

武装親衛隊は、ヒトラーの警護部隊としてナチス党内で組織され、第二次大戦までには陸海空軍に次ぐ武装組織に発展していた。武装親衛隊の軍装は陸軍に準じていたが、被服は独自にデザインされたものが多く、特に迷彩服は、陸軍よりも多様で、迷彩パターンも効果が高いものを用いていた。

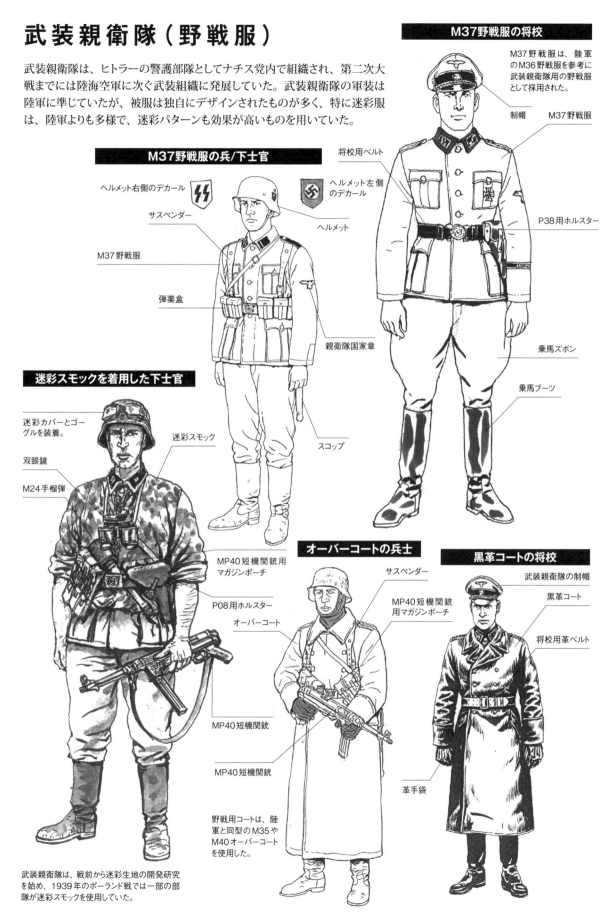

M37野戦服の兵/下士官

ヘルメット右側のデカール

サスペンダー

M37野戦服

弾薬盒

ヘルメット左側のデカール

ヘルメット

親衛隊国家章

スコップ

M37野戦服の将校

M37野戦服は、陸軍のM36野戦服を参考に武装親衛隊用の野戦服として採用された。

制帽

M37野戦服

将校用ベルト

P38用ホルスター

乗馬ズボン

乗馬ブーツ

迷彩スモックを着用した下士官

迷彩カバーとゴーグルを装着。

双眼鏡

M24手榴弾

迷彩スモック

MP40短機関銃用マガジンポーチ

P08用ホルスター

オーバーコート

MP40短機関銃

MP40短機関銃

武装親衛隊は、戦前から迷彩生地の開発研究を始め、1939年のポーランド戦では一部の部隊が迷彩スモックを使用していた。

オーバーコートの兵士

サスペンダー

MP40短機関銃用マガジンポーチ

野戦用コートは、陸軍と同型のM35やM40オーバーコートを使用した。

黒革コートの将校

武装親衛隊の制帽

黒革コート

将校用革ベルト

革手袋

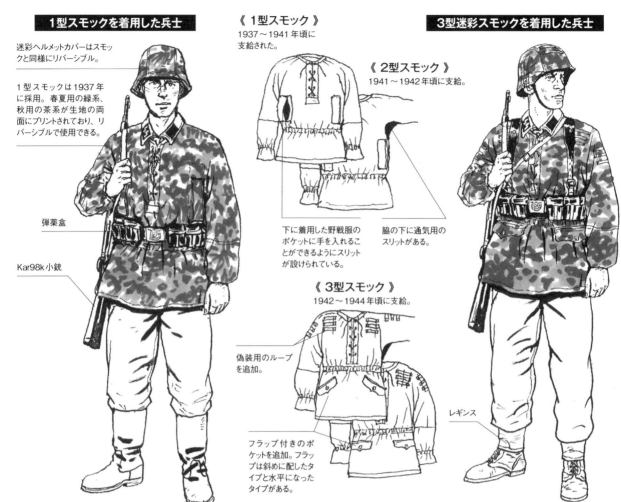

1型スモックを着用した兵士

迷彩ヘルメットカバーはスモックと同様にリバーシブル。

1型スモックは1937年に採用。春夏用の緑系、秋用の茶系が生地の両面にプリントされており、リバーシブルで使用できる。

弾薬盒

Kar98k小銃

《 1型スモック 》
1937～1941年頃に支給された。

《 2型スモック 》
1941～1942年頃に支給。

下に着用した野戦服のポケットに手を入れることができるようにスリットが設けられている。

脇の下に通気用のスリットがある。

《 3型スモック 》
1942～1944年頃に支給。

偽装用のループを追加。

フラップ付きのポケットを追加。フラップは斜めに配したタイプと水平になったタイプがある。

3型迷彩スモックを着用した兵士

レギンス

M42防寒服を着用した兵士

M42防寒服

武装親衛隊が独自に採用したプルオーバー式のパーカー型防寒服。フードと内側に毛皮のライニングが付く。

サスペンダー

双眼鏡

防寒ミトン

マップケース

MP40短機関銃

MP40短機関銃用マガジンポーチ

防寒アノラック着用の兵士

防寒アノラック

1943年10月に採用。陸軍型とは、迷彩パターンとポケットのフラップの形状（陸軍は水平、親衛隊は波型）が異なる。

突撃銃用マガジンポーチ

StG44突撃銃

イタリア迷彩使用例

迷彩カバーを装着。

MG42機関銃の給弾ベルト

迷彩スモック

MG42機関銃

イタリア迷彩のオーバーパンツ

武装親衛隊では、イタリア軍の迷彩生地を利用して非正式な各種迷彩服を製作した。イラストはノルマンディー戦線で多く見られる武装親衛隊の迷彩スモックとイタリア迷彩のオーバーパンツのスタイル。

迷彩野戦帽と迷彩スモックの兵士

迷彩野戦帽

1942年6月に制定。迷彩スモックと同様にリバーシブルで使用できる。

3型迷彩スモックを着用。

双眼鏡

ヘッドフォン

MP40短機関銃

MP40短機関銃用マガジンポーチ

迷彩つなぎ着用の戦車兵

迷彩野戦帽を着用。

迷彩つなぎ

装甲車両搭乗員の野戦用として作られた。

P38用ホルスター

M44迷彩野戦服の兵士

ヘルメットに迷彩カバーを装着。M44ドット迷彩のヘルメットカバーは作られていない。

突撃銃用マガジンポーチ

StG44突撃銃

M44迷彩野戦服

M43野戦服などと同じデザインで作られた迷彩服。生地は杉綾織りの布にM44ドット迷彩がプリントされている。この野戦服以外に野戦帽、戦車服、つなぎも作られた。

大戦末期の武装親衛隊の兵士

《一般兵士》

迷彩カバーを被せたヘルメット。

M43野戦服

サスペンダー

突撃銃用マガジンポーチ

ズボン

飯盒

ポンチョ

キャンバス・レギンス

アンクルブーツ

雑嚢

ガスマスクケース

折り畳み式スコップ

StG44突撃銃

水筒

《機関銃手》

迷彩カバーを被せたヘルメット。

サスペンダー

機関銃用工具ケース

P38用ホルスター

MG42機関銃

ポンチョ

M43野戦服

飯盒

ガスマスクケース

折り畳み式スコップ

水筒

武装親衛隊の外人部隊

武装親衛隊の隊員になるには、ドイツ国籍以外に人種など厳しい規定があった。しかし、悪化する戦況と高い損耗率により人員が不足する。この問題を解決するため、1943年以降、同盟国及び占領地のドイツ系住民、反共産主義や新独的な住民などで義勇部隊が編制される。義勇部隊はドイツ人部隊が"SS師団"、ドイツ系住民部隊は"義勇師団"、その他人種の部隊を"武装師団"と部隊名称で区別していた。

襟章と袖部隊章

外国人部隊には、襟と袖に着用する部隊章があった。また、すべての部隊ではないが、袖に付ける部隊名章も制定されている。

一般SS襟章

正規部隊以外は使用できない。

第7義勇山岳師団プリンツ・オイゲン

第23SS武装山岳師団ハントシャール（クロアチア第1）

第23SS武装山岳師団カマ（クロアチア第2）

第29SS武装擲弾兵師団イタリア第1

クロアチア部隊章
左腕に付ける。

《 第7義勇山岳師団 プリンツ・オイゲンの兵士 》

ユーゴスラビアのドイツ系住民により編制された部隊。

《 第23武装山岳師団 ハントシャール（クロアチア第1）の兵士 》

ユーゴスラビアのイスラム系住民で編制された。

親衛隊山岳部隊章

《 第29武装擲弾兵師団 イタリア第1 》

旧イタリア王国軍の捕虜などイタリア軍人により編制された。イタリア軍と同じ軍装を使用。

イタリア軍徽章

イタリア部隊章

ドイツ系外国人とフィンランド人で構成された部隊。

主にスカンジナビア半島出身者などが所属。

ノルトと同様に主にスカンジナビア半島出身者などが所属。

第5SS装甲師団ヴィーキング

第6SS山岳師団ノルト

第11SS義勇装甲擲弾兵師団ノルトラント

デンマーク部隊章

ノルウェー部隊章

《 第20SS武装擲弾兵師団
（エストニア第1）》

襟章

エストニア人義勇兵の部隊

腕章

《 イギリス自由軍団 》

襟章

イギリス兵捕虜から編制された
部隊。人数は少なく、部隊単
独での戦闘は行っていない。

袖章

《 第14SS武装擲弾兵師団
ガリーツィエン（ウクライナ第1）》

襟章

腕章

ウクライナのガリーツィア地方義勇兵

第15SS武装擲弾兵師団（ラトビア第1）

ラトビア人を徴兵して編制。

第18SS義勇機甲擲弾兵師団
ホルスト・ヴェッセル

ドイツ系ハンガリー人を
主にした義勇部隊。

第23SS義勇装甲擲弾兵師団
ネーデルラント（オランダ第1）

主にオランダ人で編成
された義勇部隊。

1941年11月～1943
年9月まで使用した襟章。

インド義勇軍

1944年、陸軍か
らインド自由兵団
と第950インド歩
兵連隊がSSに移
管され編制。

ノルウェー義勇部隊袖章

フランダース
義勇部隊袖章

第19SS武装擲弾兵師団（ラトビア第2）

ラトビア人により
編制された部隊。

第27SS義勇擲弾兵師団ランゲマルク（フラマン第1）

ベルギーのフ
ラマン系住民
の義勇部隊。

第29SS武装擲弾兵師団RONA（ロシア第1）

ソ連軍捕虜を中心
とした部隊。

第21SS武装山岳師団スカンデルベク

非ゲルマン系民族のアルバニア人で編制された師団。

第28SS義勇擲弾兵師団ヴァロニェン（ワロン第1）

ベルギーのワロ
ン人志願兵から
なる部隊。

第30SS武装擲弾兵師団（白ロシア第1）

第22SS義勇騎兵師団

ハンガリー、ルーマニ
ア、セルビアのドイツ
系住民により編制。

第33SS武装擲弾兵師団シャルルマーニュ（フランス第1）

フランス人義勇部隊。

襟章にはバリ
エーションがあ
るが、実際に
付けていたのか
は不明。

第25SS武装擲弾兵師団フニャディ（ハンガリー第1）

ハンガリー人義勇
兵とハンガリー軍
の元将兵で編制。

第34SS義勇擲弾兵師団ラントシュトゥームネーデルラント（オランダ第2）

オランダ人義勇兵により編制。

ドイツ軍の勲章と徽章

徽章と勲章の取り付け位置

ドイツ十字章

戦車撃破章

2級鉄十字章（リボンのみ）

各種略綬

各種シールド

1級鉄十字章

戦傷章

戦車突撃章

《 航空機撃墜章 》

携行可能な小火器で低空飛行の航空機を撃墜した者に、1機撃墜で銀章、5機撃墜で金章が授与された。

《 戦車撃破章 》

銀と金の2種類があり、携行火器を使用して戦車を1両撃破すると銀章、5両で金章が授与された。

《 戦傷章 》

負傷の回数により、黒・銀・金の3等級がある。

《 一般突撃章 》

歩兵と戦車兵以外の兵士が敵に対して3回以上の攻撃を行った際に与えられた。

《 歩兵突撃章 》

所属する部隊によって銀章と銅章のいずれかを対象者に授与。

《 戦車突撃章 》

3回以上、戦車での戦闘を行った将兵が授与。戦闘回数により5等級に分かれている。

《 戦車射撃優秀者章 》

飾緒に付ける名誉章で、射撃成績が優秀な戦車兵へ授与された。

《 白兵戦章 》

近接戦闘を行った日数によって、金、銀、銅章の3等級が授与された。

《 狙撃手章 》

狙撃により倒した敵兵の数で3等級に分かれる。

《 ナルヴィク盾章 》

1940年4月9日から6月8日まで行われたノルウェーのナルヴィクの戦いに参戦したドイツ国防軍全軍の将兵に授与。

《 運転技量章 》

車両の運転技術などの優秀者に授与。金・銀・銅の3等級に分かれる。

《 降下猟兵章 》

空挺降下試験を終えた空軍の降下猟兵に授与。陸軍から移管された降下猟兵部隊の隊員も対象とした。

《 クリミア盾章 》

セヴァストポリ半島攻略に参加した第11軍の将兵に授与。

《 クバン盾章 》

クバン橋頭堡攻防戦に加わった軍人で一定の条件対象者に授与。

ドイツ軍の飾緒（エギュレット）

陸軍の礼装での着用例

将校飾緒

副官飾緒

海軍の礼装での着用例

副官飾緒を装着した陸軍将校

熱帯制服での使用例　　オーバーコートでの着用例　　式典など戦車服での着用例

《 騎士鉄十字章 》

1級鉄十字章授章者の中で優れた軍功に対して与えられる勲章。騎士鉄十字章から柏葉ダイヤモンド付騎士鉄十字章までの4等級が制定されていた。

柏葉ダイヤモンド付騎士鉄十字章　　柏葉剣付騎士鉄十字章　　柏葉騎士鉄十字章　　騎士鉄十字章

《 鉄十字章 》

鉄十字章は軍人に対する軍事功労章で、功績のあった将兵に授与された。

1級鉄十字章　　2級鉄十字章

《 ドイツ十字章 》

1級鉄十字章と騎士鉄十字章の間に位置する勲章。金と銀の2等級が設けられていた。

《 戦功十字章 》

鉄十章に次ぐ勲章。剣付きと剣なしの2種類があり、前者は戦闘の功績、後者は非戦闘での功績に対して授与。

ドイツ陸軍／武装親衛隊の階級章

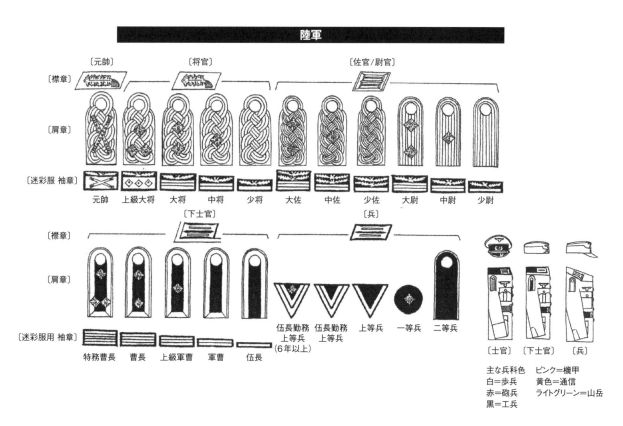

陸軍

〔元帥〕 〔将官〕 〔佐官／尉官〕

〔襟章〕
〔肩章〕
〔迷彩服 袖章〕

元帥　上級大将　大将　中将　少将　大佐　中佐　少佐　大尉　中尉　少尉

〔下士官〕 〔兵〕

〔襟章〕
〔肩章〕
〔迷彩服用 袖章〕

特務曹長　曹長　上級軍曹　軍曹　伍長　伍長勤務上等兵（6年以上）　伍長勤務上等兵　上等兵　一等兵　二等兵

〔士官〕　〔下士官〕　〔兵〕

主な兵科色　ピンク＝機甲
白＝歩兵　黄色＝通信
赤＝砲兵　ライトグリーン＝山岳
黒＝工兵

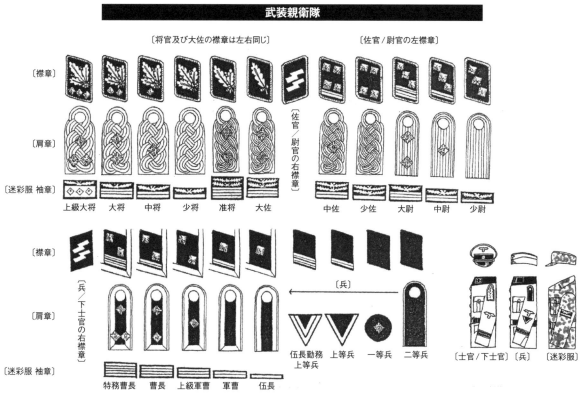

武装親衛隊

〔将官及び大佐の襟章は左右同じ〕 〔佐官／尉官の左襟章〕

〔襟章〕
〔肩章〕
〔迷彩服 袖章〕

上級大将　大将　中将　少将　准将　大佐　〔佐官／尉官の右襟章〕　中佐　少佐　大尉　中尉　少尉

〔襟章〕
〔兵／下士官の右襟章〕
〔肩章〕
〔迷彩服 袖章〕

特務曹長　曹長　上級軍曹　軍曹　伍長　〔兵〕　伍長勤務上等兵　上等兵　一等兵　二等兵

〔士官／下士官〕　〔兵〕　〔迷彩服〕

空軍

第二次大戦緒戦からイギリス本土航空戦、東部戦線、北アフリカ戦線、地中海 / イタリア戦線さらにドイツ本土防空戦と、あらゆる戦域で戦ったドイツ空軍の航空機搭乗員。その軍装は通常勤務服から飛行服などの被服、そして飛行用装備までと多種に渡る。

航空機搭乗員の軍装

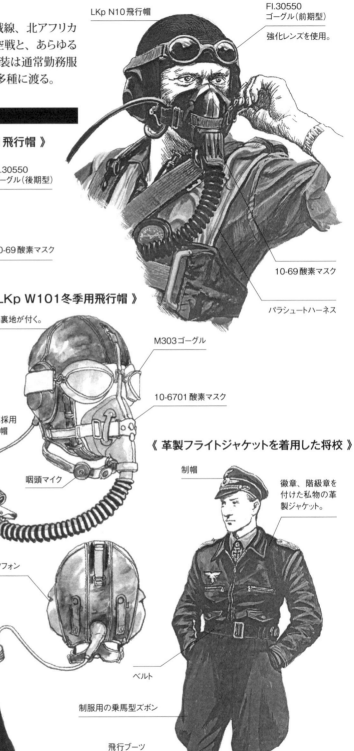

《 LKp N10飛行帽と酸素マスクを装着したパイロット 》

LKp N10飛行帽

FI.30550 ゴーグル(前期型)

強化レンズを使用。

10-69酸素マスク

パラシュートハーネス

《 LKp N101飛行帽 》

頭部がメッシュ生地の夏季用。

FI.30550 ゴーグル(後期型)

10-69酸素マスク

咽頭マイク

《 LKp W101冬季用飛行帽 》

羊毛の裏地が付く。

M303ゴーグル

10-6701酸素マスク

1938年に採用された飛行帽

咽頭マイク

ジャケットの革タブに挟んで固定するためのクリップ。

イヤフォン内蔵

無線電源コード

イヤフォン

《 革製フライトジャケットを着用した将校 》

制帽

徽章、階級章を付けた私物の革製ジャケット。

ベルト

制服用の乗馬型ズボン

飛行ブーツ

《 ライフジャケットを着用したパイロット 》

110-30 B-2ライフジャケット

戦闘機パイロットの軍装

LKp N101 飛行帽とFl.30550ゴーグル

110-30 B-2ライフジャケット

革製ジャケット

海峡ズボンを着用。

《 110-30 B-2ライフジャケット 》

ゴム引きキャンバス製の拡張式救命胴衣。洋上飛行には欠かせない装備だった。

《 革製フライトジャケット 》

ドイツ軍の革製ジャケットは、アメリカ軍のように官給品ではなく、将校の私物。そのためデザインが違う複数のタイプが存在する。

《 革製ツーピース飛行服上衣 》

防寒用のジャンパースタイルの上衣。裏地には羊毛の毛皮が張られている。生産時期や生産地域、使用している素材やデザインの相違など、数種類のバリエーションがある。

《 Pst3飛行ブーツ 》

内側に毛皮が付く防寒用ブーツ。ブーツの甲部分と上部に調整用ストラップが付属している。

Pst4004 飛行ブーツ

《 空軍胸章 》

《 空軍パイロット章 》

《 1級十字章 》

革製飛行グローブ

手首覆い付きの夏季用。

ドイツ空軍の帽子

制帽

略帽

規格帽

《 将校用通常勤務服上衣 》

上襟の縁には銀色のパイピングが付く。

フリーガーブルーゼを着用した将校

略帽

空軍胸章

2級鉄十字章リボン

将校用革ベルト

開襟型で前合わせのボタンは4個

フリーガーブルーゼ

飛行任務用の被服であったが、通常勤務時にも着用された。

1級鉄十字章

パイロット章

乗馬パンツ

乗馬ブーツ

《 P38用ホルスター 》

137

通常勤務制服姿の将校

- 制帽
- 騎士鉄十字章
- 2級鉄十字章リボン
- 1級鉄十字章
- パイロット章
- 小型拳銃用ホルスター

冬季用つなぎ飛行服

第二次大戦初期に使用された防寒飛行服。襟と内張りに毛皮が使用されている。

前合わせはボタンで開閉する。

夏季用つなぎ飛行服

カーキ色のコットン生地製。

酸素マスクのホースを固定するクリップを挟む革タブがある。

脱着は右肩から左腰に延びるファスナーを開閉して行う。

曹長の階級章

1940年フランス戦の戦闘機パイロット将校

- 制帽
- ライフジャケット

英仏海峡で戦うパイロットの必需品。

- 通常勤務服

温暖な季節や高高度飛行を要しない飛行では、勤務服のまま出動する戦闘機パイロットもいた。

- 飛行ブーツ
- 航空地図

地中海戦線の戦闘機パイロット

- 略帽
- カーキの熱帯用シャツ
- ライフジャケット
- カーキのズボン
- アンクルブーツ

冬季のドイツ本土防空戦のパイロット

- 略帽
- 冬季用つなぎ飛行服

防空戦闘隊は、米英空軍の爆撃機を高高度で迎撃するため、冬季用つなぎ飛行服は必要な装備だった。

パラシュート装備

《 座席型パラシュート装着状態 》

背あてパッド

海峡ジャケット

リリースバックル

バックルを90度回転して叩くと連結されていたハーネスが外れる。

開傘用ハンドル

ズボンのポケットには、信号拳銃やナイフ、サバイバルキットなどを収納していた。

30IS24 座席型パラシュート

海峡ジャケット・海峡ズボン

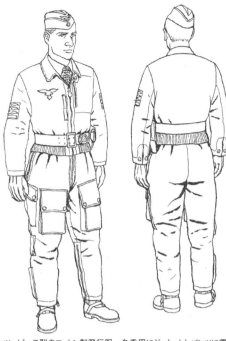

ツーピース型のコットン製飛行服。冬季用にジャケットとパンツに電熱システムを内蔵するタイプも作られた。

《 RH12背負式パラシュート装着状態 》

RH12背負式パラシュート

毛皮付きの襟。

リリースバックル

革製ツーピース式の飛行服。

信号拳銃用の信号弾

開傘用ハンドル

救命胴衣

《 10-76-B-1 ライフジャケット 》

チューブ状の中に浮力材となるカポックが収められている。主に爆撃機搭乗員が使用した。

《 110-30 B-2 ライフジャケット 》

カポック式に比べかさばらないため、戦闘機パイロットに好まれた。

送気ホース

CO_2ボンベとガス放出バルブ

海軍

軍備が整う前に第二次大戦に突入したドイツ海軍は、イギリス海軍に対抗する戦力はなく、水上艦とUボートによる通商破壊戦を主軸として戦った。大戦末期には、艦船を失った海軍将兵を集めて陸戦部隊を編制、2個の海軍歩兵師団が作られた。

将校の軍装

《 冬季勤務服の元帥 》

ダブルブレスの開襟型

両袖に階級を示す金線が入る。

《 機関科少佐の正装 》

トップが白の制帽

フロッグコート

《 夏季勤務服の将校 》

プリーツが付いたポケットが上下4カ所にある。

シングルブレスの開襟型

《 冬季勤務服の中尉 》

左右に中尉を示す袖章が付く。

礼装用ベルト

サーベル

略帽

水兵の軍装

《 水兵夏服 》

ポケットはフラップやプリーツがないシンプルな形。

《 水兵の礼服 》

短ジャケット型の礼服をセーラー服の上に着用。

前合わせの内側に付いた2個のボタンをチェーンで留める。

ボタンは飾りボタンになっている。

《 陸戦用の軍装 》

ヘルメット

サスペンダー

弾薬盒

Kar98k小銃

《 白のセーラー服と紺色ズボンの合服 》

兵科章

階級章

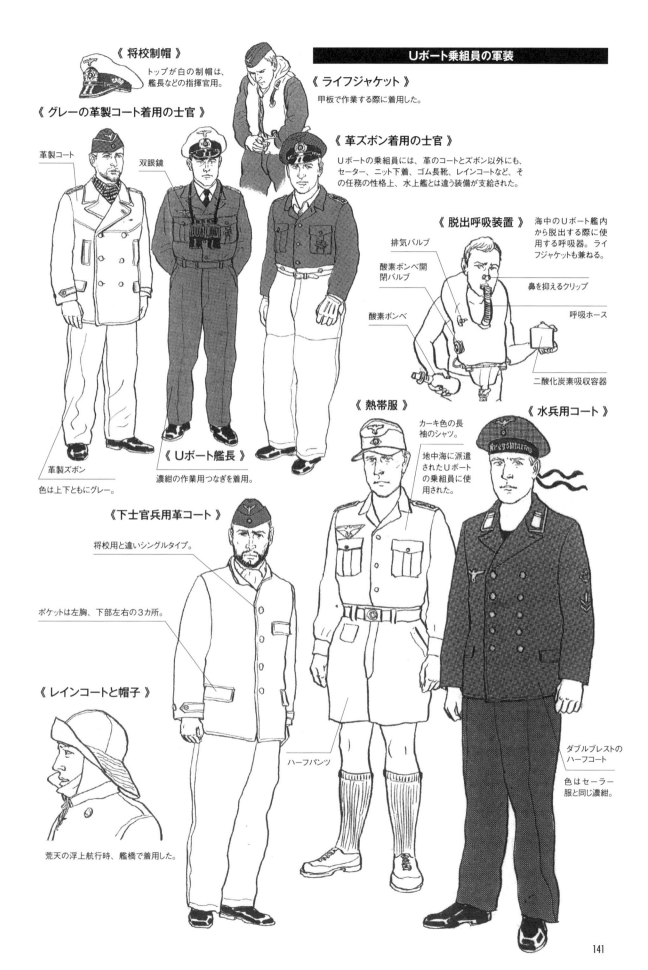

Uボート乗組員の軍装

《 将校制帽 》
トップが白の制帽は、艦長などの指揮官用。

《 ライフジャケット 》
甲板で作業する際に着用した。

《 グレーの革製コート着用の士官 》
革製コート

双眼鏡

《 革ズボン着用の士官 》
Uボートの乗組員には、革のコートとズボン以外にも、セーター、ニット下着、ゴム長靴、レインコートなど、その任務の性格上、水上艦とは違う装備が支給された。

《 脱出呼吸装置 》
海中のUボート艦内から脱出する際に使用する呼吸器。ライフジャケットも兼ねる。

排気バルブ

酸素ボンベ開閉バルブ

酸素ボンベ

鼻を抑えるクリップ

呼吸ホース

二酸化炭素吸収容器

革製ズボン

色は上下ともにグレー。

《 Uボート艦長 》
濃紺の作業用つなぎを着用。

《 熱帯服 》
カーキ色の長袖のシャツ。

地中海に派遣されたUボートの乗組員に使用された。

《 水兵用コート 》

《 下士官兵用革コート 》
将校用と違いシングルタイプ。

ポケットは左胸、下部左右の3カ所。

《 レインコートと帽子 》
荒天の浮上航行時、艦橋で着用した。

ハーフパンツ

ダブルブレストのハーフコート

色はセーラー服と同じ濃紺。

ドイツ海軍の徽章

制帽

将官

尉官

下士官

佐官
礼装及び夏季用

陸地部隊 将校用
フィールドグレーのトップに飾紐が付く。

《 制帽の徽章 》　《 制帽のつば 》

金色

将官

佐官

尉官

《 略帽 》

将校用

兵／下士官用

《 兵科章 》 将校用、袖章の上に付ける。

普通科

軍医科

機関科

砲術科

通信技術科

行政科

造兵科

沿岸砲兵科

通信科

《 ヘルメット 》

左側のデカール　右側のデカール

《 文官兵科章 》 徽章は金色。

教官

薬剤官

歯科官

法務官

技術下士官

機関室下士官

行政官

《 水兵用軍帽 》

冬季用

夏季用

《 兵科区別章 》 水兵用。左腕の階級章の上に付ける。紺色地に金色。

普通科水兵

信号手

電気手

工作兵

火砲技師

魚雷技師

機雷技師

経理官

倉庫係下士官

薬剤師

軍楽兵

機関士

通信士

砲術兵

陸上運転手

防空監視員

《 水兵用軍帽の前章 》 軍名、乗艦している艦名などが金文字で記されている。

Panzerschiff Admiral Graf Spee
装甲艦アドミラル・グラーフ・シュペー

Torpedoboot Tiger
水雷艇ティーガー

Kriegsmarine
海軍

《 特技章 》 左腕の兵科区別章の下に付ける。紺色地に赤色。

砲術（軽対空砲）

砲術（中型砲）

機関術

音響術

潜水術

水雷術

射撃管制

無電手

測的術

ドイツ空軍/海軍の階級章

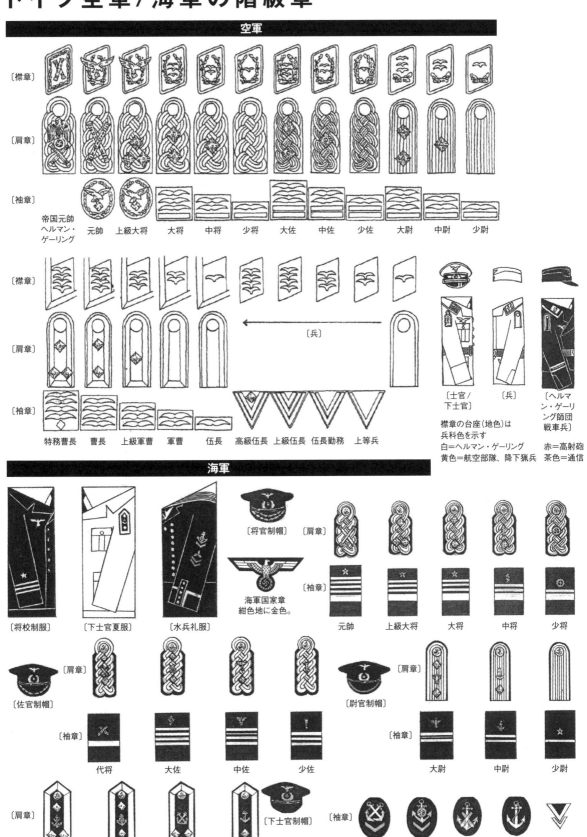

空軍

〔襟章〕

〔肩章〕

〔袖章〕

帝国元帥 ヘルマン・ゲーリング

元帥　上級大将　大将　中将　少将　大佐　中佐　少佐　大尉　中尉　少尉

〔襟章〕

〔肩章〕

〔兵〕

〔袖章〕

特務曹長　曹長　上級軍曹　軍曹　伍長　高級伍長　上級伍長　伍長勤務　上等兵

〔士官/下士官〕　〔兵〕　〔ヘルマン・ゲーリング師団戦車兵〕

襟章の台座（地色）は
兵科色を示す
白＝ヘルマン・ゲーリング
黄色＝航空部隊、降下猟兵
赤＝高射砲
茶色＝通信

海軍

〔将校制服〕　〔下士官夏服〕　〔水兵礼服〕

〔将官制帽〕　〔肩章〕

海軍国家章
紺色地に金色。
〔袖章〕

元帥　上級大将　大将　中将　少将

〔佐官制帽〕

〔肩章〕

〔尉官制帽〕

〔肩章〕

〔袖章〕

代将　大佐　中佐　少佐

〔袖章〕

大尉　中尉　少尉

〔肩章〕

〔下士官制帽〕

〔袖章〕

上等兵曹長　一等兵曹長　二等兵曹長　一等兵曹

二等兵曹（補給科）　二等兵曹（機関科）　三等兵曹（兵器科）　三等兵曹（普通科）　二等水兵（下士官候補生）

143

日本軍

日本軍の軍装は明治以降、欧米の技術を採り入れながら、日清・日露戦争などの実戦経験、そして兵器の発展に合わせて近代化されてきた。太平洋戦争においては、昭和16年（1941年）以前から使用されていた軍装に加えて、南方戦線向けの防暑被服や空挺部隊などの専用軍装などが、新たに制定された。

太平洋戦争の陸軍兵士

日本陸軍が太平洋戦争開戦時に使用していたのは、昭和13年（1938年）制定の九八式軍衣袴である。九八式軍衣袴はそれ以前の昭五式より野戦向きにデザインされた軍服で、終戦まで使用された。

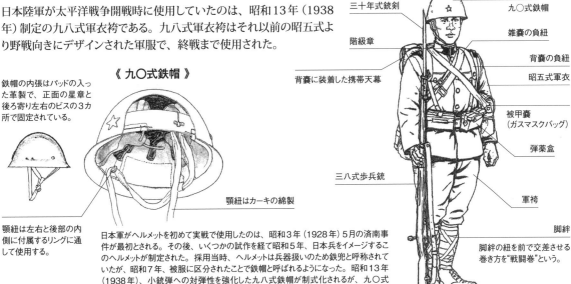

昭五式軍衣袴を着用した兵士

- 三十年式銃剣
- 九〇式鉄帽
- 階級章
- 雑嚢の負紐
- 背嚢の負紐
- 昭五式軍衣
- 背嚢に装着した携帯天幕
- 被甲嚢（ガスマスクバッグ）
- 弾薬盒
- 三八式歩兵銃
- 軍袴
- 脚絆
- 脚絆の紐を前で交差させる巻き方を"戦闘巻"という。
- 編上靴

《 九〇式鉄帽 》

鉄帽の内張はパッドの入った革製で、正面の星章と後ろ寄り左右のビスの3カ所で固定されている。

顎紐はカーキの綿製

顎紐は左右と後部の内側に付属するリングに通して使用する。

日本軍がヘルメットを初めて実戦で使用したのは、昭和3年（1928年）5月の済南事件が最初とされる。その後、いくつかの試作を経て昭和5年、日本兵をイメージするこのヘルメットが制式された。採用当時、ヘルメットは兵器扱いのため鉄兜と呼称されていたが、昭和7年、被服に区分されたことで鉄帽と呼ばれるようになった。昭和13年（1938年）、小銃弾への対弾性を強化した九八式鉄帽が制式化されるが、九〇式は太平洋戦争終戦まで使用が続けられた。

日本陸軍軍衣

《 昭五式軍衣 》

明治四五年制定軍服の最後のバリエーション。昭和五年（年1930年）に制定された。

九八式軍衣は開襟スタイルでも使用できた。

《 四五式軍帽 》

下士官/兵用の制帽。終戦まで使用された。

《 略帽 》

昭和7年（1932年）頃より使用が始められたが、制定されたのは昭和13年5月。

《 九八式軍衣 》

昭和13年制定の九八式軍衣。この時に軍服は大幅な改正が行われ、軍衣は折襟になり、階級章も肩から襟に移された。

《 三式軍衣 》

昭和18年（1943）に制定された戦時型軍服。デザインを簡素化し製造工程の短縮や生地を節約。またボタンもベークライトなどの代用素材を使用した。

《 防暑衣 》

昭和13年に制定された熱帯用軍衣。

《 決戦服 》

昭和19年12月に制定された戦時服。ポケットが胸だけになるなど、三式軍衣よりさらに簡略化。

防暑衣の脇下の通気孔。

《 階級章の変化 》

昭和13年制定	☆	☆☆
昭和18年制定		☆☆

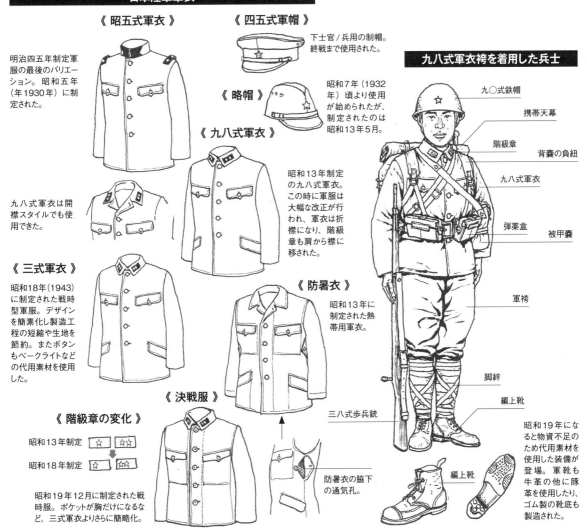

九八式軍衣袴を着用した兵士

- 九〇式鉄帽
- 携帯天幕
- 階級章
- 背嚢の負紐
- 九八式軍衣
- 弾薬盒
- 被甲嚢
- 軍袴
- 脚絆
- 編上靴
- 三八式歩兵銃
- 編上靴

昭和19年になると物資不足のため代用素材を使用した装備が登場。軍靴も牛革の他に豚革を使用したり、ゴム製の靴底も製造された。

145

《 携帯天幕 》

1人用のテントで、天幕どうしを組み合わせることができ、最大35名分の天幕を作ることが可能。

《 携帯天幕をポンチョとして利用する兵士 》　《 九八式外被(外套)を着用した兵士 》

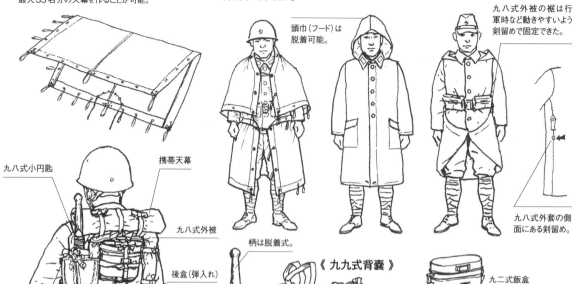

頭巾(フード)は脱着可能。

九八式外被の裾は行軍時など動きやすいよう剣留めで固定できた。

九八式外套の側面にある剣留め。

九八式小円匙

携帯天幕

九八式外被

後盒(弾入れ)

水筒

柄は脱着式。

《 九九式背嚢 》

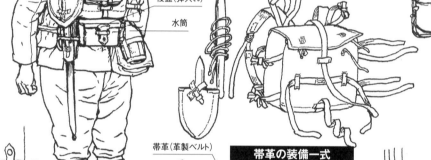

九二式飯盒

地下足袋

軍靴とともに戦場で使用された。

銃剣は軍衣の剣留めで固定。

帯革(革製ベルト)

《 帯革の装備一式 》

昭五式水筒

雑嚢

挿弾子(装填クリップ)付き小銃実包5発

前盒(実包30発が入る)

三十年式銃剣

後盒(実包60発が入る)

九五式防毒面(ガスマスク)

被甲嚢(ガスマスクバッグ)

《 背負い袋 》

背負い袋を"挺進結び"にして装着。

背負い袋をたすき掛けにして装着。

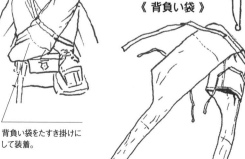

固定用の紐

昭和19年(1944年)に背嚢の代用として採用。

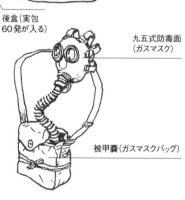

陸軍の防寒装備

日本軍は、朝鮮半島北部や中国北部での活動を想定して、明治期から防寒装備の研究・開発を進めてきた。そして日露戦争などの経験から、他国より防寒装備を重視していた。

外被（外套）

《 昭五式外被 》

兵／下士官用のオーバーコートで、前合わせは風向きに合わせて左右どちらを上にしても使えるダブルタイプ。

《 九八式外被 》

縫製の工程が簡略化されて、前合わせはシングルとなった。頭布（フード）は鉄帽や軍帽の上から被れるように大きく作られている。

《 将校用九八式外被 》

将校の被服は自前のため、他に毛皮付きなど私物も含めた外被を使用している。将校は長靴が基本だが、酷寒時には兵用の防寒長靴を使用した。

《 三式外被 》

将校用の雨衣（レインコート）

将校用

兵用

将校も兵も軍服の上に外皮を着用し、装備はその上から装着した。

九八式外被の背面。雨衣も同じデザインだった。

階級識別章

尉官 佐官 将官

頭布を被った場合、階級章が隠れてしまうため、留め具に階級識別章が付く。

防寒被服と防寒装備

《防寒水筒覆》　《防寒飯盒覆》

水筒と飯盒のカバーは、凍結防止のため内部には兎の毛皮が張られている。

《雪地用被服》

白色の外被用迷彩衣で外被や防寒服の上から着用した。主に樺太や満州の部隊に支給されている。スキー部隊などでは鉄帽や銃剣なども白に塗装して偽装を施した。

《防寒大手袋》　《防寒覆面》　《防寒帽》

裏地と縁は、白または茶色の兎の毛皮。

耳覆いを下した状態。

《防寒被服で完全装備の兵士》

凍傷防止の鼻覆い

階級章

防寒被服の背面。

白脚絆

外被の袖はボタンで着脱可能。

《防寒外被下の着衣》

防寒覆面(この上に防寒帽を被る)

防寒襦袢

防寒胴衣(この上に軍衣を着る)

小手袋

防寒半袴(軍袴の上からはく)

防寒靴(この上から防寒脚絆を装着)

《防寒靴》　《防寒脚絆》　《防寒半靴》　《防寒長靴》

氷上徒歩用の滑り止め金具が付けられる。

南方戦線の陸軍兵士

太平洋戦争では、南方やビルマなどの熱帯地域が主戦場となった。このため戦前から使用していた熱帯用の防暑被服や装備に加えて、新たな被服などを採用して戦った。

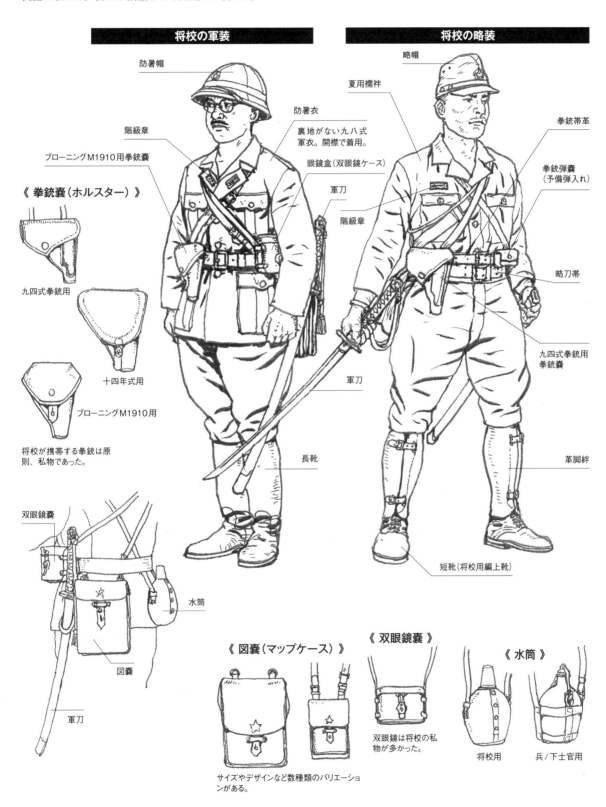

将校の軍装

- 防暑帽
- 階級章
- ブローニングM1910用拳銃嚢
- 防暑衣
- 裏地がない九八式軍衣。開襟で着用。
- 眼鏡盒（双眼鏡ケース）
- 軍刀
- 階級章
- 軍刀
- 長靴

《 拳銃嚢（ホルスター）》

- 九四式拳銃用
- 十四年式用
- ブローニングM1910用

将校が携帯する拳銃は原則、私物であった。

- 双眼鏡嚢
- 水筒
- 図嚢
- 軍刀

将校の略装

- 略帽
- 夏用襦袢
- 拳銃帯革
- 拳銃弾嚢（予備弾入れ）
- 略刀帯
- 九四式拳銃用拳銃嚢
- 革脚絆
- 短靴（将校用編上靴）

《 図嚢（マップケース）》

サイズやデザインなど数種類のバリエーションがある。

《 双眼鏡嚢 》

双眼鏡は将校の私物が多かった。

《 水筒 》

- 将校用
- 兵／下士官用

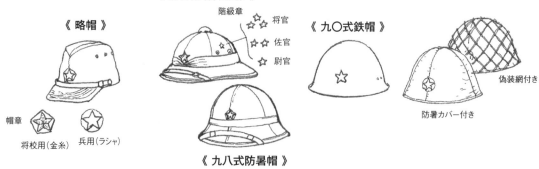

《防暑帽（将校用）》

《略帽》

階級章
将官
佐官
尉官

《九〇式鉄帽》

偽装網付き

帽章

将校用（金糸）　兵用（ラシャ）

防暑カバー付き

《九八式防暑帽》

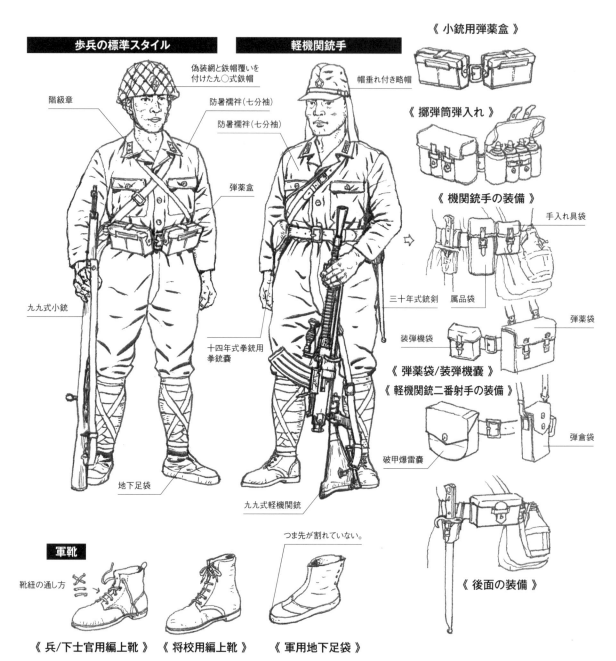

歩兵の標準スタイル

偽装網と鉄帽覆いを付けた九〇式鉄帽

階級章

防暑襦袢（七分袖）

弾薬盒

九九式小銃

十四年式拳銃用拳銃嚢

地下足袋

軽機関銃手

帽垂れ付き略帽

防暑襦袢（七分袖）

三十年式銃剣

装弾機袋

破甲爆雷嚢

九九式軽機関銃

《小銃用弾薬盒》

《擲弾筒弾入れ》

《機関銃手の装備》

手入れ具袋

属品袋

弾薬袋

《弾薬袋／装弾機嚢》

《軽機関銃二番射手の装備》

弾倉袋

《後面の装備》

軍靴

靴紐の通し方

《兵／下士官用編上靴》

《将校用編上靴》

つま先が割れていない。

《軍用地下足袋》

落下傘部隊

日本軍の空挺部隊は、海軍の落下傘部隊が昭和17年1月にメナドで初の実戦降下を行い、陸軍も翌月、パレンバンで初の空挺作戦を成功させた。この活躍に"空の神兵"と呼ばれるようになった。

陸軍挺進隊

陸軍の落下傘部隊は、昭和15年（1940年）11月に浜松陸軍飛行学校訓練部として誕生。翌年9月、陸軍挺進練習部、翌10月には教導挺進第一連隊となる。そして12月、挺進第一連隊として編制された。

日本軍の落下傘

《 九二式
同乗者用落下傘 》
初期の訓練で使用。

《 一式落下傘 》

《 四式落下傘 》

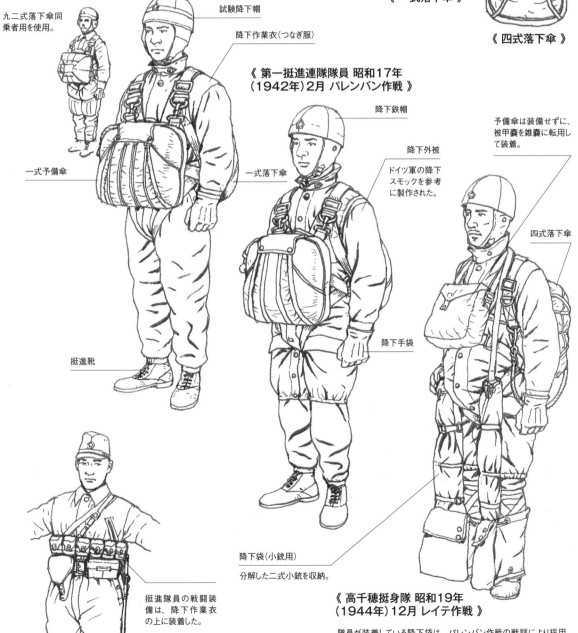

《 教導挺身隊（創設期） 》

九二式落下傘同乗者用を使用。

試験降下帽

降下作業衣（つなぎ服）

一式予備傘

挺進靴

《 第一挺進連隊隊員 昭和17年（1942年）2月 パレンバン作戦 》

降下鉄帽

降下外被
ドイツ軍の降下スモックを参考に製作された。

一式落下傘

降下手袋

降下袋（小銃用）
分解した二式小銃を収納。

予備傘は装備せずに、被甲嚢を雑嚢に転用して装着。

四式落下傘

挺進隊員の戦闘装備は、降下作業衣の上に装着した。

《 高千穂挺身隊 昭和19年（1944年）12月 レイテ作戦 》

隊員が装着している降下袋は、パレンバン作戦の戦訓により採用。陸軍空挺部隊最後の実戦降下を行った高千穂挺進隊は、可能な限りの武器弾薬を身に付けて夜間降下を行った。

《 パレンバン作戦時の陸軍挺進隊員の軍装 》

隊員は拳銃以外の火器を持たずに降下した。そのため降下後、別に投下された小銃や機関銃を回収するまでの間、拳銃と手榴弾で戦った。

《 二式小銃装備の挺進隊員 》

パレンバン作戦では二式小銃の配備が間に合わず、九九式短小銃を使用している。

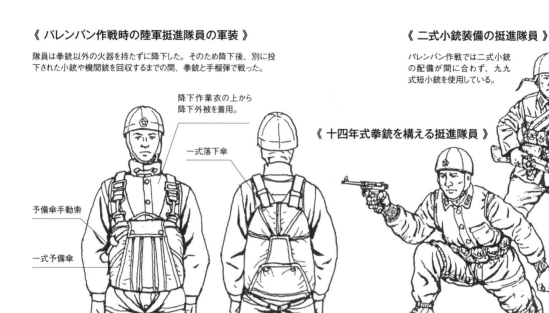

降下作業衣の上から降下外被を着用。

一式落下傘

予備傘手動索

一式予備傘

《 十四年式拳銃を構える挺進隊員 》

《 拳銃嚢付弾帯 》

義烈空挺隊が使用した。

《 一式弾帯 》

本来は騎兵用の装備。小銃弾の他に手榴弾2個を収納できる。

《 降下外被を着た挺進隊員 》

降下外被は着地後、脱ぎ捨てることになっていたが、実戦では隊員のほとんどが着用したまま戦闘を行った。

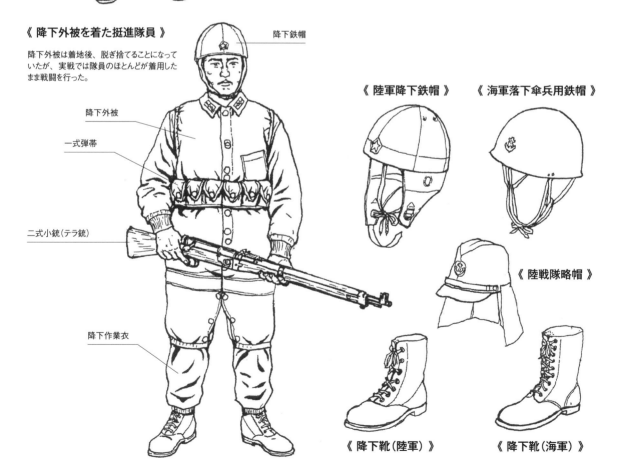

降下鉄帽

降下外被

一式弾帯

二式小銃(テラ銃)

降下作業衣

《 陸軍降下鉄帽 》

《 海軍落下傘兵用鉄帽 》

《 陸戦隊略帽 》

《 降下靴(陸軍) 》

《 降下靴(海軍) 》

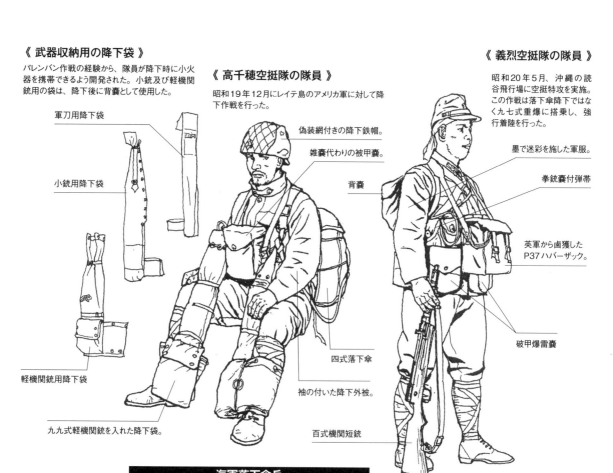

《 武器収納用の降下袋 》

バレンバン作戦の経験から、隊員が降下時に小火器を携帯できるよう開発された。小銃及び軽機関銃用の袋は、降下後に背嚢として使用した。

軍刀用降下袋

小銃用降下袋

軽機関銃用降下袋

九九式軽機関銃を入れた降下袋。

《 高千穂空挺隊の隊員 》

昭和19年12月にレイテ島のアメリカ軍に対して降下作戦を行った。

偽装網付きの降下鉄帽。

雑嚢代わりの被甲嚢。

背嚢

四式落下傘

袖の付いた降下外被。

百式機関短銃

《 義烈空挺隊の隊員 》

昭和20年5月、沖縄の読谷飛行場に空挺特攻を実施。この作戦は落下傘降下ではなく九七式重爆に搭乗し、強行着陸を行った。

墨で迷彩を施した軍服。

拳銃嚢付弾帯

英軍から鹵獲したP37ハバーザック。

破甲爆雷嚢

海軍落下傘兵

《 海軍特別陸戦隊の隊員 》

海軍落下傘部隊は、海軍特別陸戦隊と称して、落下傘部隊であることを秘匿した。

小銃用弾帯

三八式騎兵銃

昭和17年1月、インドネシアのメナドに降下した第一特別陸戦隊の隊員。

海軍落下傘部隊用鉄帽

胸に装着した装備は、百式機関短銃などを分解して携行するための袋。

たくさんのポケットが設けられているのが海軍降下服の特徴。

《 一式落下傘 》

陸軍戦車兵

日本陸軍の機甲部隊の歴史は、大正7年（1918年）年10月、イギリスからMk.Ⅳ戦車を研究用に輸入して始まった。その後、イギリスとフランスから戦車を輸入しながら、国産化の研究・開発も始まる。昭和2年（1927年）、試製一号戦車が完成すると、その後は八九式中戦車を始めとして、国産戦車を開発・採用していく。戦車兵の軍装も戦車とともに発展し、太平洋戦争までに様々な専用軍装が制定された。

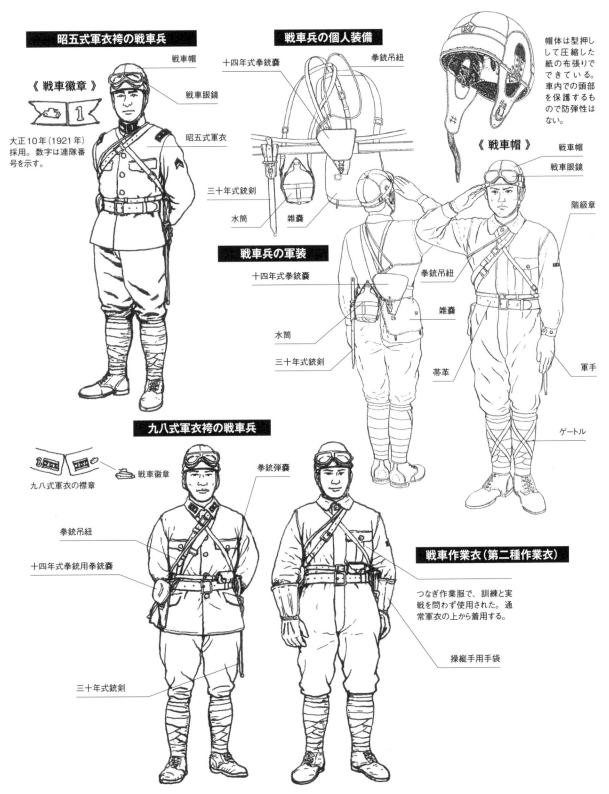

昭五式軍衣袴の戦車兵

戦車帽

《 戦車徽章 》

戦車眼鏡

大正10年（1921年）採用。数字は連隊番号を示す。

昭五式軍衣

戦車兵の個人装備

十四年式拳銃嚢

拳銃吊紐

三十式銃剣

水筒

雑嚢

戦車兵の軍装

十四年式拳銃嚢

水筒

三十式銃剣

拳銃吊紐

雑嚢

帯革

帽体は型押しして圧縮した紙の布張りでできている。車内での頭部を保護するもので防弾性はない。

《 戦車帽 》

戦車帽

戦車眼鏡

階級章

軍手

ゲートル

九八式軍衣袴の戦車兵

九八式軍衣の襟章

戦車徽章

拳銃弾嚢

拳銃吊紐

十四年式拳銃用拳銃嚢

三十式銃剣

戦車作業衣（第二種作業衣）

つなぎ作業服で、訓練と実戦を問わず使用された。通常軍衣の上から着用する。

操縦手用手袋

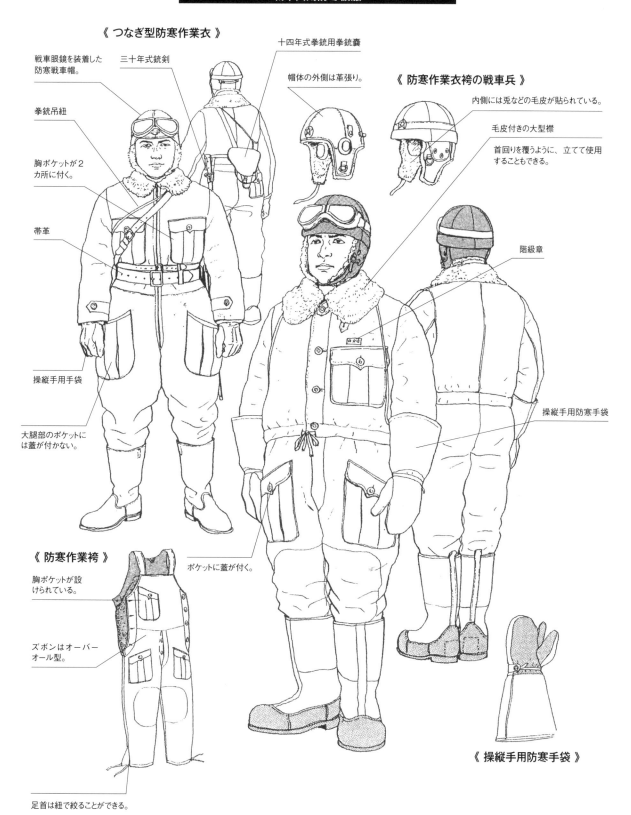

《 つなぎ型防寒作業衣 》

戦車眼鏡を装着した防寒戦車帽。

三十年式銃剣

十四年式拳銃用拳銃嚢

帽体の外側は革張り。

《 防寒作業衣袴の戦車兵 》

拳銃吊紐

胸ポケットが2カ所に付く。

帯革

内側には兎などの毛皮が貼られている。

毛皮付きの大型襟

首回りを覆うように、立てて使用することもできる。

階級章

操縦手用手袋

大腿部のポケットには蓋が付かない。

操縦手用防寒手袋

《 防寒作業袴 》

胸ポケットが設けられている。

ズボンはオーバーオール型。

ポケットに蓋が付く。

足首は紐で絞ることができる。

《 操縦手用防寒手袋 》

南方方面の戦車兵

専用の防暑被服は試作されたが、制式採用にはならなかった。
このため、戦車兵も歩兵と同じ防暑被服を使用している

訓練時には雑嚢を携行することもある。

階級章

夏用襦袢

拳銃嚢

水筒

被甲嚢（ガスマスクバッグ）

三十年式銃剣

三八式騎銃

車外戦闘用（車内には原則装備していない）

戦車兵将校

九八式軍衣

拳銃弾嚢

双眼鏡

図嚢　拳銃嚢

双眼鏡嚢

軍刀

銃剣と軍刀は乗車すると外して車内に置いた。

《 戦車眼鏡 》

レンズは二重ガラスの間にゼラチンが封入され、割れても破片が飛散しないようになっていた。

《 防塵眼鏡 》

簡易型のゴーグルで、自動車隊やオートバイ兵も使用した。

《 通信用ヘッドフォンと咽頭マイク 》

《 戦車兵用着脱自在防毒面 》

片手で着脱が行なえる。目は戦車眼鏡で保護した。

《 軍用車両徽章 》

（昭和13年）

戦車操縦　戦車射撃

戦車・装甲車操縦
（昭和16年）

（昭和11年）

自動車操縦

下士官　兵

戦車・装甲車射撃
（昭和16年）

（昭和17年）

奉引車操縦　下士官　兵

徽章は第3と第4ボタンの間に付けた。

海軍陸戦隊

海軍の陸戦隊は、艦艇乗組員の一部を臨時に上陸部隊として編制するもので常設部隊ではなかった。昭和7年（1932年）、上海に常設の上海特別陸戦隊が編制されると、以降、特設鎮守府特別陸戦隊や警備隊などが編制されていった。陸戦隊は、陸軍とは違う独自の戦闘装備も備えていた。

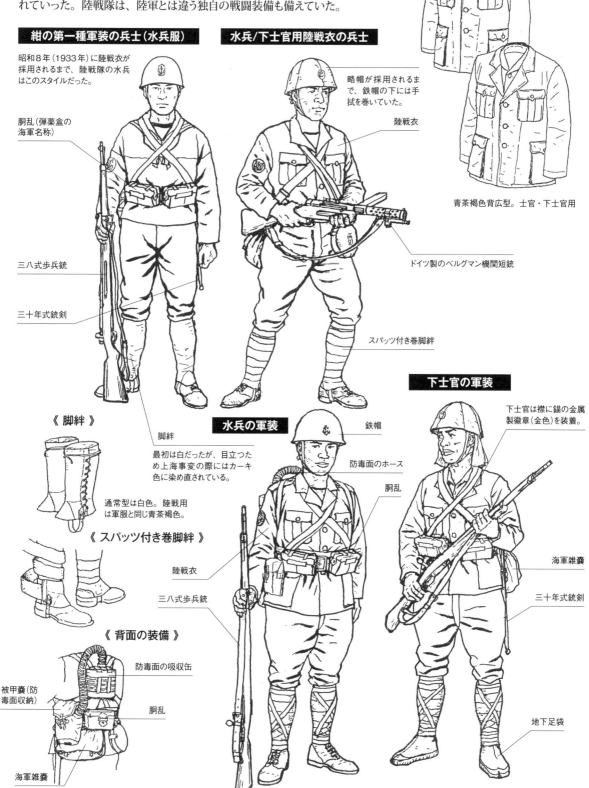

《陸戦衣》 昭和8年制定

青茶褐色ジャケット背広型。兵用

青茶褐色背広型。士官・下士官用

紺の第一種軍装の兵士（水兵服）

昭和8年（1933年）に陸戦衣が採用されるまで、陸戦隊の水兵はこのスタイルだった。

胴乱（弾薬盒の海軍名称）

三八式歩兵銃

三十年式銃剣

水兵/下士官用陸戦衣の兵士

略帽が採用されるまで、鉄帽の下には手拭を巻いていた。

陸戦衣

ドイツ製のベルグマン機関短銃

スパッツ付き巻脚絆

《脚絆》

脚絆

最初は白だったが、目立つため上海事変の際にはカーキ色に染め直されている。

通常型は白色。陸戦用は軍服と同じ青茶褐色。

《スパッツ付き巻脚絆》

《背面の装備》

防毒面の吸収缶

被甲囊（防毒面収納）

胴乱

海軍雑囊

水兵の軍装

鉄帽

防毒面のホース

胴乱

陸戦衣

三八式歩兵銃

下士官の軍装

下士官は襟に錨の金属製徽章（金色）を装着。

海軍雑囊

三十年式銃剣

地下足袋

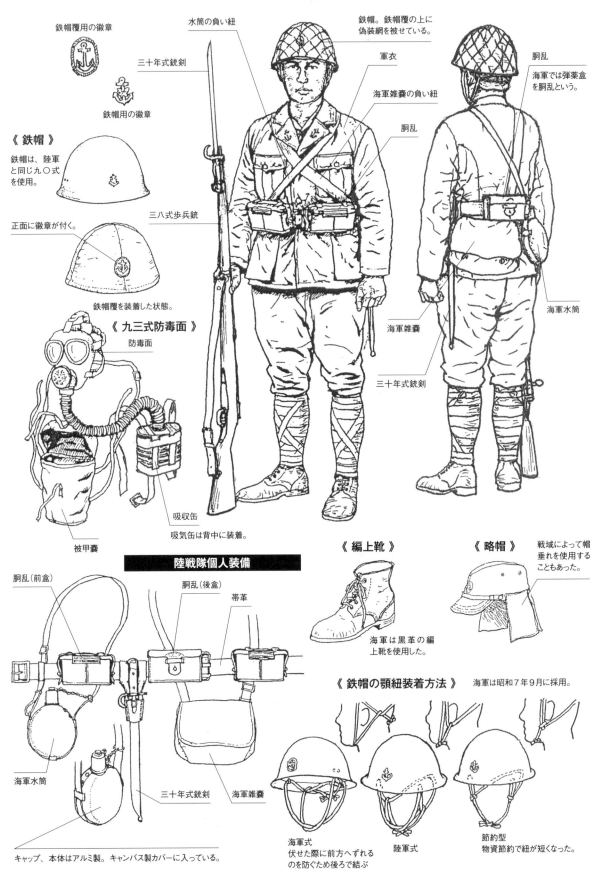

鉄帽覆用の徽章

鉄帽用の徽章

《 鉄帽 》

鉄帽は、陸軍と同じ九〇式を使用。

正面に徽章が付く。

鉄帽覆を装着した状態。

《 九三式防毒面 》

防毒面

吸収缶

吸気缶は背中に装着。

被甲嚢

水筒の負い紐

三十年式銃剣

三八式歩兵銃

鉄帽。鉄帽覆の上に偽装網を被せている。

軍衣

海軍雑嚢の負い紐

胴乱

海軍雑嚢

三十年式銃剣

海軍水筒

胴乱

海軍では弾薬盒を胴乱という。

陸戦隊個人装備

胴乱（前盒）

胴乱（後盒）

帯革

海軍水筒

三十年式銃剣

海軍雑嚢

キャップ、本体はアルミ製。キャンバス製カバーに入っている。

《 編上靴 》

海軍は黒革の編上靴を使用した。

《 略帽 》

戦域によって帽垂れを使用することもあった。

《 鉄帽の顎紐装着方法 》

海軍は昭和７年９月に採用。

海軍式
伏せた際に前方へずれるのを防ぐため後ろで結ぶ

陸軍式

節約型
物資節約で紐が短くなった。

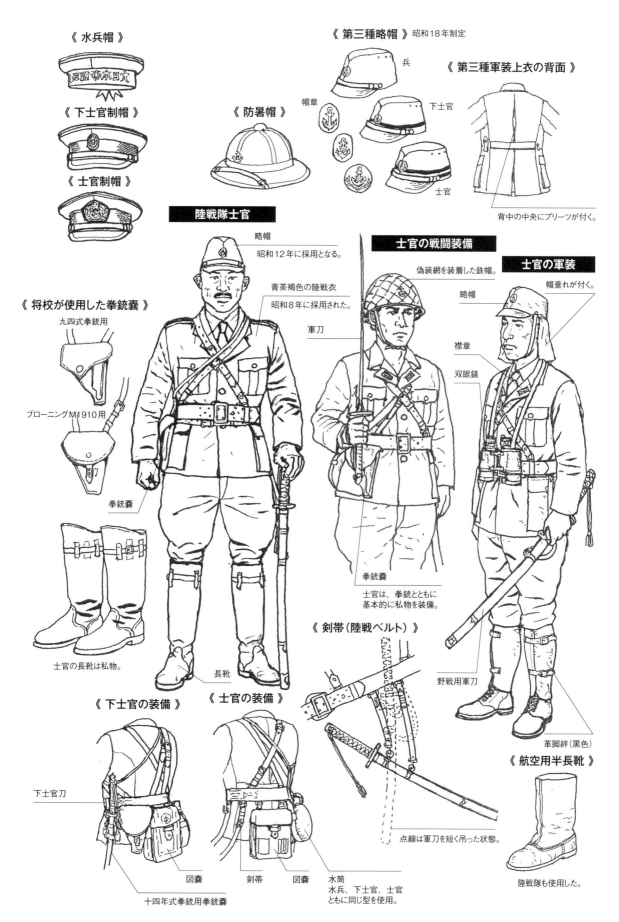

《 水兵帽 》

大日本帝国海軍

《 下士官制帽 》

《 士官制帽 》

《 第三種略帽 》 昭和18年制定

兵

帽章

下士官

士官

《 第三種軍装上衣の背面 》

背中の中央にプリーツが付く。

《 防暑帽 》

陸戦隊士官

略帽
昭和12年に採用となる。

青茶褐色の陸戦衣
昭和8年に採用された。

《 将校が使用した拳銃嚢 》

九四式拳銃用

ブローニングM1910用

拳銃嚢

士官の戦闘装備

偽装網を装着した鉄帽。

軍刀

拳銃嚢

士官は、拳銃とともに
基本的に私物を装備。

士官の軍装

帽垂れが付く。

略帽

襟章

双眼鏡

野戦用軍刀

革脚絆 (黒色)

士官の長靴は私物。

長靴

《 下士官の装備 》

《 士官の装備 》

《 剣帯 (陸戦ベルト) 》

点線は軍刀を短く吊った状態。

下士官刀

図嚢

十四年式拳銃用拳銃嚢

剣帯

図嚢

水筒
水兵、下士官、士官
ともに同じ型を使用。

《 航空用半長靴 》

陸戦隊も使用した。

159

陸海軍特攻隊

昭和19年（1944年）10月、フィリピンの戦いから始まった特攻は、航空から水上、水中攻撃へとその攻撃方法を広げていき、終戦までに多くの若者の命が失われた。

陸軍 振武隊 特別攻撃隊員

昭和20年4月から6月にかけて沖縄戦に出撃した。

《 キ115 剣 》

体当たり攻撃専用機として開発。主脚は離陸後に投下する。105機生産されたといわれているが、実戦には参加していない。最大速度550km/h（推定）、爆弾500kgまたは800kgを1発搭載。

有人ロケット滑空爆弾。最大速度840km/h、機首に1,200kg徹甲爆弾1発を搭載。

《 桜花11型 》

海軍 回天搭乗員

第三種軍装を着用。

司令官より渡された護国刀。

海軍 神風 特別攻撃隊員

海軍の神風特別攻撃隊は、昭和19年10月のフィリピン戦から始まり昭和20年8月15日まで続いた。

《 四式肉薄攻撃艇 》

陸軍が開発した小型攻撃艇。最大速度20ノット（約37km/h）、船体後部に250kgまたは120kg爆雷2個を装備していた。

250kg爆雷

起爆用突板

《 回天1型 》

九三式三型魚雷の機関部を利用して開発された人間魚雷。先端に炸薬1.55tを搭載する。30ノット（約55km/h）の速度で推進すると23,000mの射程が得られた。

《 震洋一型 》

海軍が開発した特攻兵器。船首に爆装250kg、船尾にロサ弾2発を搭載。最大速度16ノット（約30km/h）。

海軍 震洋隊員

救命胴衣は船舶用を使用。

航空兵と同じ軍装。

出撃の際には軍刀と拳銃を携帯した。

陸軍 海上挺身隊隊員

陸軍の船舶兵で編制された水上特攻隊。出撃時には海軍と同様に軍刀と拳銃を携帯。

水上作業衣に救命胴衣を着用。

竹槍は大人で2m、少年で1.5mと規定されていた。

女子挺身隊

本土決戦に備え、竹槍を武器に女性も訓練を受けていたが、幸い出撃することなく終戦となった。

陸軍 義烈空挺隊特攻隊員

当初はサイパン島を攻撃する計画であったが、沖縄戦に投入された。右手に持つのは、B-29破壊用の吸着地雷（炸薬5kg）。

吸着地雷

陸軍 肉薄攻撃兵

対戦車戦闘用に開発された成形炸薬弾（炸薬3kg）の刺突地雷を装備。刺突地雷の柄の長さは1.5mだった。

刺突地雷

海軍 伏龍特攻隊員

潜水服と呼吸器を装着し、水深5～7m海底で敵の上陸用舟艇を待ち伏せし、五式撃雷（炸薬15kg）により攻撃。その攻撃方法から人間機雷と呼ばれた。

五式撃雷

呼吸器

潜水服

陸軍航空兵

日本陸軍の航空隊は、明治43年（1910年）、徳川好敏陸軍工兵大尉の初飛行から始まった。大正3年（1914年）10月には、青島に派遣された航空部隊がドイツ軍機と初の空中戦（戦果はなし）を記録している。大正12年（1925年）に航空兵科として独立し、日中戦争、太平洋戦争を戦った。

防暑航空衣袴

熱帯用にデザインされている。南方では半袖・半ズボンの防暑衣スタイルで搭乗する航空兵もいた。

陸軍飛行服 第一種

冬季用のつなぎ型。裏地には兎の毛皮が貼られている。前合わせはファスナーで開閉。

陸軍飛行服 第二種

夏季用のツーピース型。前合わせはボタン留め。

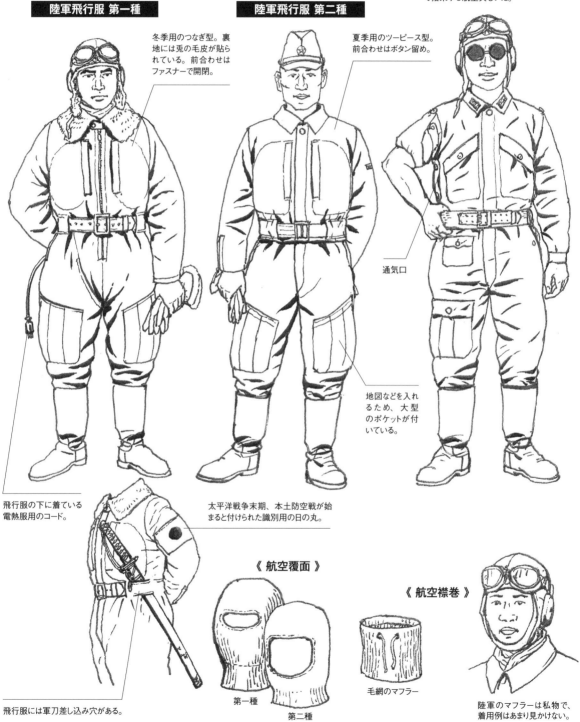

通気口

地図などを入れるため、大型のポケットが付いている。

飛行服の下に着ている電熱服用のコード。

太平洋戦争末期、本土防空戦が始まると付けられた識別用の日の丸。

《 航空覆面 》

第一種

第二種

《 航空襟巻 》

毛網のマフラー

飛行服には軍刀差し込み穴がある。

陸軍のマフラーは私物で、着用例はあまり見かけない。

《 航空帽 》　　　　　《 同乗者用頭巾 》　　　　《 航空眼鏡 》

第一種　　　　　第二種

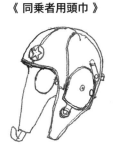

二重ガラスで、中に割れ防止のゼラ
チンを封入。

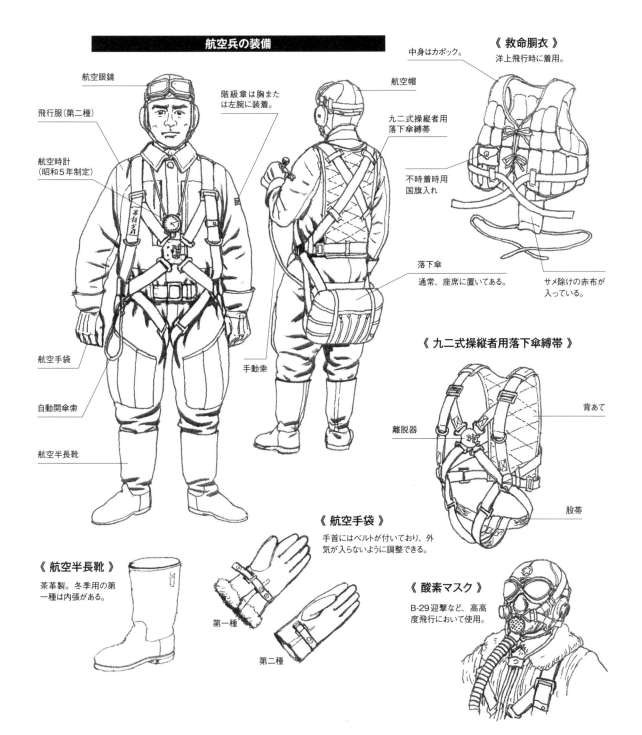

航空兵の装備

航空眼鏡

飛行服（第二種）

航空時計
（昭和5年制定）

航空手袋

自動開傘索

航空半長靴

階級章は胸また
は左腕に装着。

手動索

航空帽

九二式操縦者用
落下傘縛帯

不時着時用
国旗入れ

落下傘
通常、座席に置いてある。

中身はカポック。

《 救命胴衣 》
洋上飛行時に着用。

サメ除けの赤布が
入っている。

《 九二式操縦者用落下傘縛帯 》

離脱器

背あて

股帯

《 航空手袋 》
手首にはベルトが付いており、外
気が入らないように調整できる。

第一種

第二種

《 航空半長靴 》
茶革製。冬季用の第
一種は内張がある。

《 酸素マスク 》
B-29迎撃など、高高
度飛行において使用。

海軍航空兵

海軍航空隊は、大正元年（1912年）の創設時から航空兵用の軍装の研究・開発を続けてきた。大正5年に初の航空被服が制定され、大正14年にはつなぎ型が登場する。昭和4年に制定された被服がその後、終戦までに採用された航空被服の基本となった。

夏季航空襟巻
白の絹製マフラー。

白いマフラーは、海上で漂流した際に、長くして流すとサメ除けになるといわれていた。

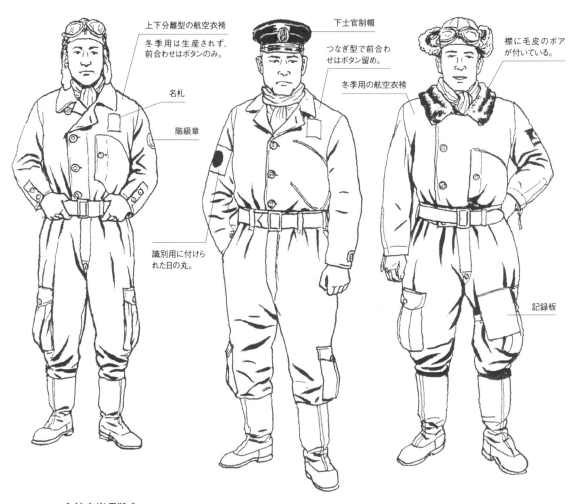

昭和19年制定の航空衣袴

上下分離型の航空衣袴
冬季用は生産されず、前合わせはボタンのみ。

名札

階級章

識別用に付けられた日の丸。

昭和17年制定の夏季用航空衣袴

下士官制帽

つなぎ型で前合わせはボタン留め。

冬季用の航空衣袴

昭和17年制定の防寒航空衣袴

襟に毛皮のボアが付いている。

記録板

《 航空半長靴 》

名札

《 航空手袋 》

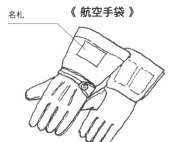

《 航空襟巻 》

毛糸製の襟巻で首擦れ防止などに使用。紺色と白があった。

航空帽

《 夏季用航空帽 》

防寒のため耳当ての裏側に毛皮が貼られている。

《 冬季用航空帽 》

《 三式航空帽 》

無線機用のレシーバーが内蔵されている。

《 航空眼鏡 》

レンズは割れた際に、ガラスが飛散しないよう二重の合わせガラスになっていた。

《 一般的な零戦パイロット 》

航空眼鏡

航空帽

航空衣袴

救命胴衣

九七式縛帯

《 救命胴衣 》

航空衣袴の上から着る。浮力材としてカポックの実から採れる繊維が詰められている。

拳銃嚢

下士官は支給品の十四年式拳銃を使用。士官は私物のブローニングM1910などを装備した。

九七式縛帯

ポケットには地図や手袋などを入れた。

落下傘は座席にありクッションも兼ねているため、搭乗してから縛帯に連結した。

航空半長靴

《 操縦者用九七式縛帯 》

複座機の機内通話に使用された伝声管。

高高度を飛行する際には酸素マスクが使われた。

縛帯に十四年式拳銃を挟み、拳銃吊紐を首にかけている。

165

空母乗員

アメリカ海軍では空母の発着艦作業の際、色分けをした作業服を着用し業務を識別していた。日本海軍の空母では、そのような識別はなく、下士官兵は白の事業服姿で作業に当たっていた。

各部署に配置されていた伝令

《 軍帽 》

《 略帽 》

2本線が士官、1本線は下士官を示す。

九二式電話機

発艦士官

季節により、第一種軍装または第二種軍装を着用。手に持つ赤白の旗で発艦の合図をパイロットに送る。

将官/士官

双眼鏡の紐の色は、将官が黄色、佐官が青、尉官は黄色。

短剣を装備。

甲板作業員

防毒面は装備しないこともある。

白の事業服を着用。

ズボンの裾を紐で縛る場合もあった。

対空砲要員

鉄帽

防毒面を装備。

士官の第二種軍装

南方では、将校も兵も半袖・半ズボンの夏衣を着用した。

兵/下士官の事業服

作業服として、訓練から実戦まで使用した。

日本海軍の階級章

〔肩章〕					
〔袖章〕	大将	中将	少将	大佐	中佐
〔肩章〕					
〔袖章〕	少佐	大尉	中尉	少尉	特務士官
〔袖章〕	上等兵曹　一等兵曹　二等兵曹　兵長　上等水兵　一等水兵　二等水兵				

飾緒（参謀肩章）

高級将校が右肩にかけている飾り紐は参謀肩章として知られるが、本来は、将官の礼装・正装の際に着用する飾緒（しょくちょ）といい、その由来は副官などの将校がメモ用の筆記具を紐で吊して携帯していたことに始まるともいわれる。日本軍では、明治14年に初めて制定され、以後、将官、将校、皇室付武官が着用した。

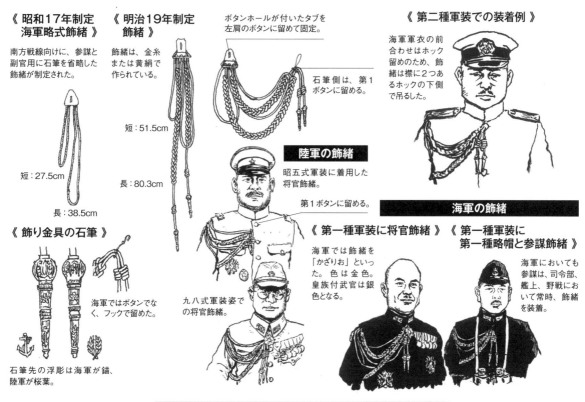

《 昭和17年制定 海軍略式飾緒 》

南方戦線向けに、参謀と副官用に石筆を省略した飾緒が制定された。

短：27.5cm

長：38.5cm

《 明治19年制定 飾緒 》

飾緒は、金糸または黄絹で作られている。

短：51.5cm

長：80.3cm

ボタンホールが付いたタブを左肩のボタンに留めて固定。

石筆側は、第1ボタンに留める。

《 第二種軍装での装着例 》

海軍軍衣の前合わせはホック留めのため、飾緒は襟に2つあるホックの下側で吊した。

《 飾り金具の石筆 》

海軍ではボタンでなく、フックで留めた。

石筆先の浮彫は海軍が錨、陸軍が桜葉。

陸軍の飾緒

昭五式軍装に着用した将官飾緒。

第1ボタンに留める。

九八式軍装姿での将官飾緒。

海軍の飾緒

海軍では飾緒を「かざりお」といった。色は金色。皇族付武官は銀色となる。

《 第一種軍装に将官飾緒 》

《 第一種軍装に第一種略帽と参謀飾緒 》

海軍においても参謀は、司令部、艦上、野戦において常時、飾緒を装着。

日本陸軍の階級章

《 昭五式軍衣の階級章（肩章） 》

昭和13年の改正まで使用された旧型の階級章。下士官や兵の階級も昭和13年以降と若干異なる。

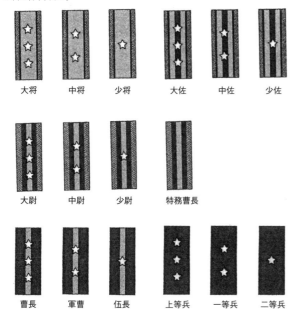

大将　中将　少将　大佐　中佐　少佐

大尉　中尉　少尉　特務曹長

曹長　軍曹　伍長　上等兵　一等兵　二等兵

《 九八式軍衣の階級章（襟章） 》

昭和13年から襟章が階級章となる。16年の改正では星の位置が若干変わり、さらに18年の改正では尉官以下の階級が変更となった。

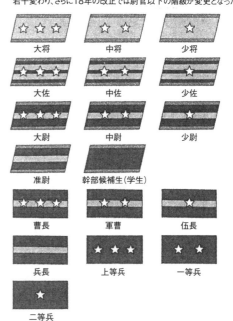

大将　中将　少将

大佐　中佐　少佐

大尉　中尉　少尉

准尉　幹部候補生（学生）

曹長　軍曹　伍長

兵長　上等兵　一等兵

二等兵

イタリア軍

イタリア陸軍は、正規の部隊と植民地軍、そして国防義勇軍（MVSN）などにより構成されていた。陸軍部隊には、伝統あるベルサリエリ部隊やアルピーニ部隊、快速部隊、空挺部隊などのエリート部隊があり、これらの部隊では陸軍共通の軍装以外に、特色ある軍装が使われている。1943年9月、イタリアの降伏により国内は二分され、連合国側となった南王国軍はイギリス式、イタリア社会主義共和国（RSI）軍はそれまでの軍装にドイツ軍の装備を加えた軍装となった。

ヨーロッパ戦線の陸軍兵士

第二次大戦参戦時におけるイタリア陸軍歩兵の野戦軍装は、ウール製の野戦服と個人装備が基本となる。M40野戦服は、前モデルのM37野戦服を簡略化したものだが、洗練されたデザイン性を損なわずに簡略化しているところにイタリアの国民性が表れている。

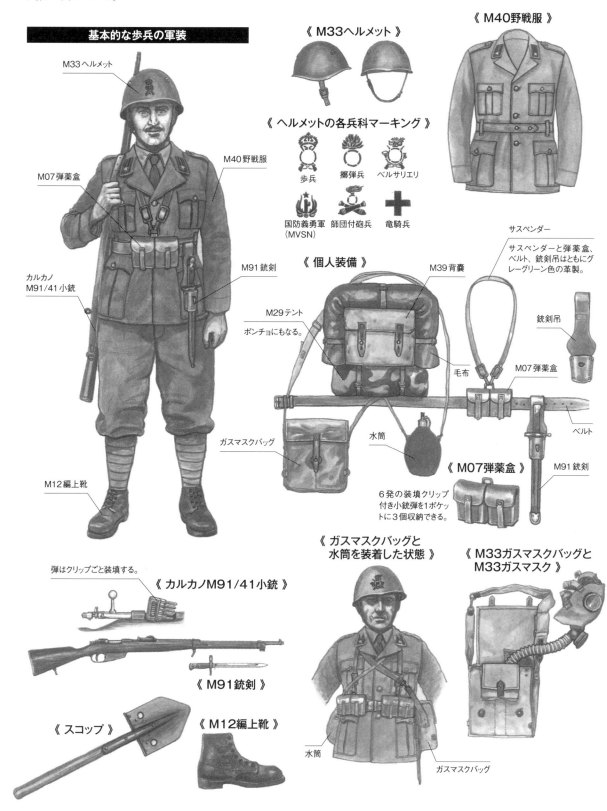

基本的な歩兵の軍装

- M33ヘルメット
- M40野戦服
- M07弾薬盒
- M91銃剣
- カルカノ M91/41小銃
- M12編上靴

《 M33ヘルメット 》

《 M40野戦服 》

《 ヘルメットの各兵科マーキング 》

歩兵　擲弾兵　ベルサリエリ

国防義勇軍（MVSN）　師団付砲兵　竜騎兵

《 個人装備 》

- M39背嚢
- M29テント　ポンチョにもなる。
- 毛布
- ガスマスクバッグ
- 水筒
- サスペンダー　サスペンダーと弾薬盒、ベルト、銃剣吊はともにグレーグリーン色の革製。
- 銃剣吊
- M07弾薬盒
- ベルト
- M91銃剣

《 M07弾薬盒 》

6発の装填クリップ付き小銃弾を1ポケットに3個収納できる。

弾はクリップごと装填する。

《 カルカノM91/41小銃 》

《 M91銃剣 》

《 スコップ 》

《 M12編上靴 》

《 ガスマスクバッグと水筒を装着した状態 》

- 水筒
- ガスマスクバッグ

《 M33ガスマスクバッグとM33ガスマスク 》

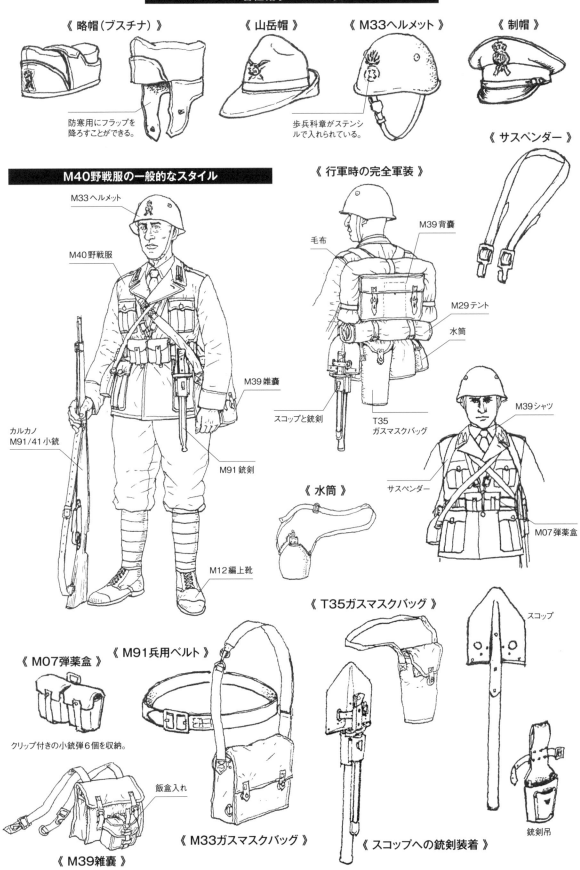

各種帽子/ヘルメット

《 略帽（ブスチナ） 》

防寒用にフラップを
降ろすことができる。

《 山岳帽 》

《 M33ヘルメット 》

歩兵科章がステンシ
ルで入れられている。

《 制帽 》

《 サスペンダー 》

M40野戦服の一般的なスタイル

M33ヘルメット

M40野戦服

カルカノ
M91/41小銃

M39雑嚢

M91銃剣

M12編上靴

《 行軍時の完全軍装 》

毛布

M39背嚢

M29テント

水筒

スコップと銃剣

T35
ガスマスクバッグ

M39シャツ

サスペンダー

M07弾薬盒

《 水筒 》

《 T35ガスマスクバッグ 》

スコップ

《 M07弾薬盒 》

クリップ付きの小銃弾6個を収納。

《 M91兵用ベルト 》

飯盒入れ

銃剣吊

《 M39雑嚢 》

《 M33ガスマスクバッグ 》

《 スコップへの銃剣装着 》

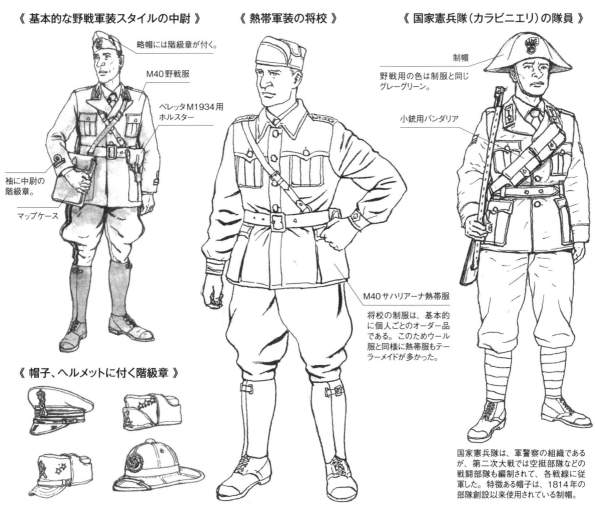

《 基本的な野戦軍装スタイルの中尉 》

略帽には階級章が付く。

M40野戦服

ベレッタM1934用ホルスター

袖に中尉の階級章。

マップケース

《 熱帯軍装の将校 》

M40サハリアーナ熱帯服

将校の制服は、基本的に個人ごとのオーダー品である。このためウール服と同様に熱帯服もテーラーメイドが多かった。

《 国家憲兵隊（カラビニエリ）の隊員 》

制帽

野戦用の色は制服と同じグレーグリーン。

小銃用バンダリア

国家憲兵隊は、軍警察の組織であるが、第二次大戦では空挺部隊などの戦闘部隊も編制されて、各戦線に従軍した。特徴ある帽子は、1814年の部隊創設以来使用されている制帽。

《 帽子、ヘルメットに付く階級章 》

イタリア陸軍の階級章

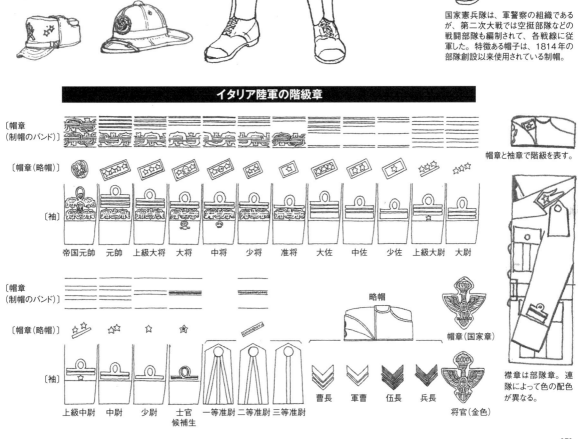

〔帽章（制帽のバンド）〕

〔帽章（略帽）〕

〔袖〕

帝国元帥　元帥　上級大将　大将　中将　少将　准将　大佐　中佐　少佐　上級大尉　大尉

帽章と袖章で階級を表す。

略帽

帽章（国家章）

〔帽章（制帽のバンド）〕

〔帽章（略帽）〕

〔袖〕

上級中尉　中尉　少尉　士官候補生　一等准尉　二等准尉　三等准尉

曹長　軍曹　伍長　兵長

将官（金色）

襟章は部隊章。連隊によって色の配色が異なる。

171

陸軍山岳兵

帽章　　ヘルメット用ステンシル

1886年に創設された山岳部隊（アルピニ）は陸軍エリート部隊の一つである。第二次大戦では山岳地以外の戦場でも活躍した。

山岳帽

《 山岳帽 》
チロル地方伝統の山岳帽
左側面にカラスの羽飾り（ペンネ）と大隊識別用ボンボン（ナッピーネ）が付く。

《 銃剣とピッケル 》

M12登山靴

機関銃手
機関銃用工具入れ
ブレダM30軽機関銃
M34山岳杖

狙撃兵（ベルサリエリ）
雄鶏の尾羽の飾り（ピューメ）が付く。
ベレッタM1934用ホルスター
騎兵用弾帯
カルカノM91/38騎兵銃
乗馬ズボン
革レギンス

《 M40防風ジャンバー 》

《 山岳部隊の完全軍装 》
M39山岳リュック
M33ヘルメット
T35ガスマスクバッグ
ザイル
毛布

スキー大隊の山岳部隊兵
スキー部隊は冬季の偵察部隊として編制。冬季専門部隊ではなく、通常は山岳歩兵として活動した。
白のヘルメットカバー
羽飾りが付いている。
白のプルオーバースモック
サスペンダーと弾薬盒は白い布製。
白のオーバーパンツを着用。

スキー隊の移動手段は山岳スキー。ただ滑降するだけでなく斜面を登ったり平地を歩いたりしなければならない。

《 M34オーバーコート 》
兵用は隠しボタンでシングル。

《 M40野戦服 》
1940年に採用された軍服。ベルトは取り外しできる。

《 M12山岳靴 》
山岳の岩場で使用するため、ソール回りには補強用の鋲が打たれている。

北アフリカ戦線の陸軍兵士

北アフリカのリビアや東アフリカに植民地を持っていたイタリアは、戦前から熱帯用の軍服を使用してきた。第二次大戦においても、新旧含め各種熱帯用の軍装が使われている。

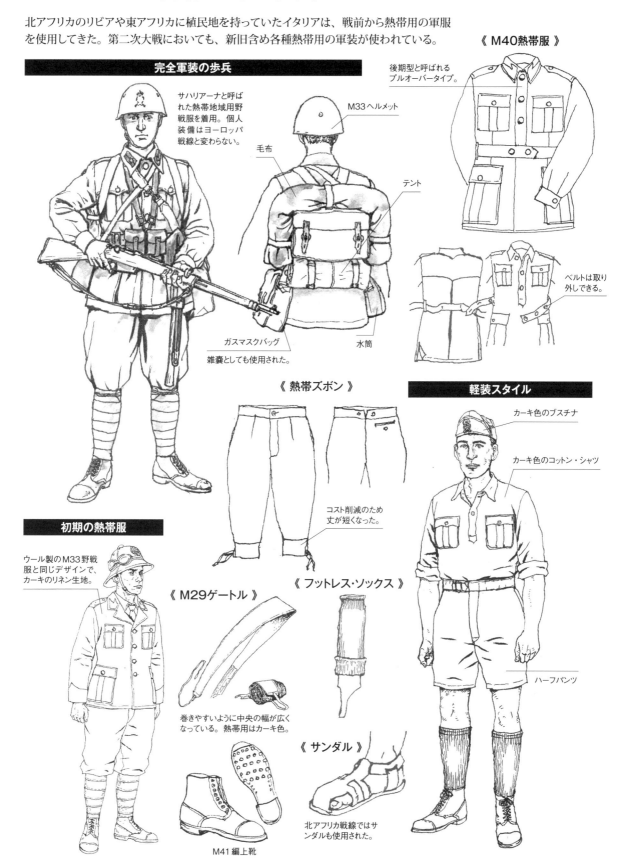

完全軍装の歩兵

サハリアーナと呼ばれた熱帯地域用野戦服を着用。個人装備はヨーロッパ戦線と変わらない。

M33ヘルメット

毛布

テント

ガスマスクバッグ
雑嚢としても使用された。

水筒

《 M40熱帯服 》

後期型と呼ばれるプルオーバータイプ。

ベルトは取り外しできる。

《 熱帯ズボン 》

コスト削減のため丈が短くなった。

軽装スタイル

カーキ色のブスチナ

カーキ色のコットン・シャツ

ハーフパンツ

初期の熱帯服

ウール製のM33野戦服と同じデザインで、カーキのリネン生地。

《 M29ゲートル 》

巻きやすいように中央の幅が広くなっている。熱帯用はカーキ色。

《 フットレス・ソックス 》

《 サンダル 》

北アフリカ戦線ではサンダルも使用された。

M41編上靴

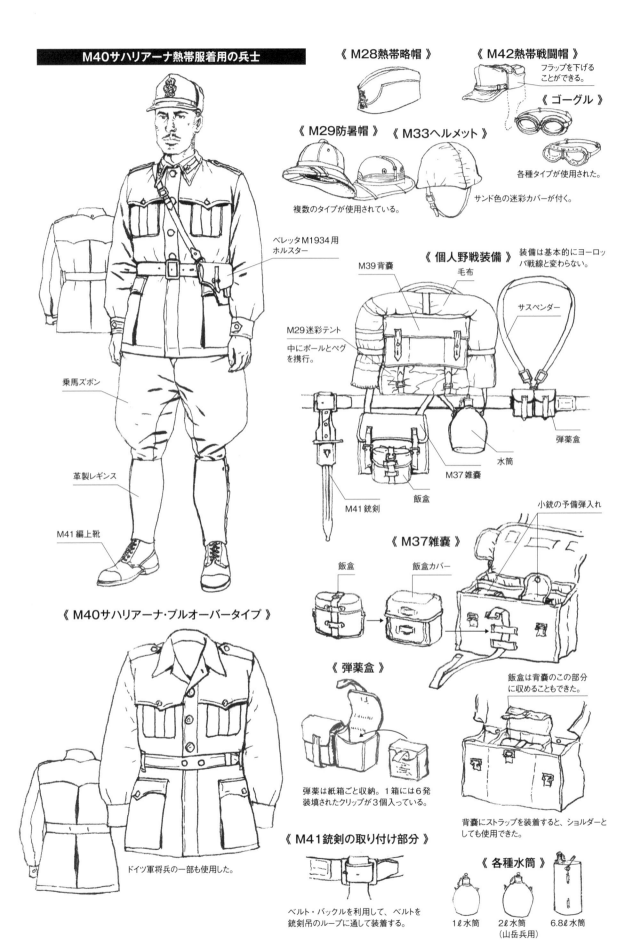

M40サハリアーナ熱帯服着用の兵士

《 M28熱帯略帽 》

《 M42熱帯戦闘帽 》

フラップを下げる
ことができる。

《 M29防暑帽 》　《 M33ヘルメット 》

《 ゴーグル 》

各種タイプが使用された。

複数のタイプが使用されている。

サンド色の迷彩カバーが付く。

ベレッタM1934用
ホルスター

乗馬ズボン

革製レギンス

M41編上靴

《 個人野戦装備 》

装備は基本的にヨーロッパ戦線と変わらない。

M39背嚢

毛布

サスペンダー

M29迷彩テント

中にポールとペグ
を携行。

弾薬盒

水筒

M37雑嚢

M41銃剣

飯盒

《 M40サハリアーナ・プルオーバータイプ 》

《 M37雑嚢 》

飯盒

飯盒カバー

小銃の予備弾入れ

《 弾薬盒 》

飯盒は背嚢のこの部分
に収めることもできた。

弾薬は紙箱ごと収納。1箱には6発
装填されたクリップが3個入っている。

ドイツ軍将兵の一部も使用した。

背嚢にストラップを装着すると、ショルダーと
しても使用できた。

《 M41銃剣の取り付け部分 》

《 各種水筒 》

ベルト・バックルを利用して、ベルトを
銃剣吊のループに通して装着する。

1ℓ水筒

2ℓ水筒
（山岳兵用）

6.8ℓ水筒

国防義勇軍（ＭＶＳＮ）と植民地軍

国防義勇軍（MSVS = Milizia Volontaria per la Sicurezza Nazionale）は、1922年1月、ムッソリーニがファシスト党の軍事組織として創設した軍隊である。第二次大戦中に41個連隊が編制されて陸軍部隊とともに各戦線で戦った。また、植民地部隊は、当時イタリアの植民地となっていたソマリア、リビアなどの現地民で組織された軍隊である。

国防義勇軍

《 M40野戦服を着たMVSN兵士 》

NVSNは第二次大戦開戦時、3個師団が編制され、陸軍の歩兵師団に黒シャツ大隊が配属されていた。

下に黒シャツを着用。

背中にT字形の裁断線があるMVSN独自の野戦服を着用。

ポケットのフラップは長方形のタイプ。

ズボンの横には黒のラインが入る。

ソックス型ウール・レギンスを着用。

《 M40熱帯服にフェズ帽を被った兵士 》

使用する野戦装備や銃器は陸軍と同じだった。

《 アフリカ戦線におけるMVSN兵士 》

MVSN防暑帽
防暑帽にはMVSNの帽章が付く。

MVSNの帽章

黒シャツはプルオーバータイプが多い。ネクタイも支給されたが、前線では着用していない兵士もいた。

MVSN山岳帽
羽飾りは付かない。帽章はファシスト党の党章ファシス（束桿）が付く。

《 MVSNの将校 》

将校用フェズ帽
フェズ帽は筒形で礼装用。前線ではブスチナを着用。

将校用ブスチナ帽章

《 エチオピアの兵士 》

タルブスク・フェズを被っている。

両肩に独特な腕章型階級章を付けている。イラストの階級は伍長。

タルブスク・フェズの羽飾りと飾り革で部隊を表す。

詰襟型のM28野戦服を着用。

《 ソマリアの植民地軍兵士 》

ソマリア兵士も背の高いタルブスク・フェズを被っていた。

多くの植民地兵は裸足だった。

《 リビアの兵士 》

背の低いタキア・フェズを使用していた。

《 リビアの兵士 》

M40サハリアーナを着用。

戦闘装備を装着。装備はもちろんイタリア軍が支給していた。

《 リビアのサハラ部隊兵士 》

ターバンと飾り革の色の違いで部隊を表していた。

イタリア軍の熱帯服を着用。

民族衣装のズボンを履いている。

サハラ部隊は、砂漠戦において優秀な働きをした。

空挺部隊

イタリア軍の空挺部隊は、大規模な空挺作戦を行わなかった。しかし、1942年のエルアラメイン戦の第185空挺師団"フォルゴーレ"などは、精鋭部隊としての名を残している。

リビア空挺部隊

1938年にリビアの現地義勇兵により編制された最初の空挺部隊の兵士。

パイロット用飛行帽

飛行つなぎ

D39パラシュートハーネス

イタリア軍の輸送機

《 サヴォイア・マルケッティSM.82 》

空挺部隊輸送用装備に改修されたモデル。航続距離1,350km、巡航速度230km/h、完全武装の兵員18名が搭乗できた。

《 カプロニCa.133T 》

3発エンジンの輸送機。巡航速度250km/h、航続距離2,100km、兵員50名の輸送が可能だった。

《 折り畳み式バイク"ボルグラーフォ" 》

連絡・偵察用に開発された。

1941年の空挺部隊降下軍装

1939年10月、陸軍は空挺学校を創設。翌年7月に2個空挺大隊が編制された。訓練とともに軍装の開発も進められたが、まだ制式な空挺部隊野戦服などは採用されていなかった。

D40パラシュート

グレー色のM41空挺つなぎ

ニーパッド

1942年の空挺部隊降下軍装

迷彩のM42空挺つなぎ

IF41/SPパラシュート

《 M40/41空挺ヘルメット 》

初期型はパッドが付いていない。

《 パイロット用飛行帽 》

《 空挺ブーツ 》

《 ニーパッド 》

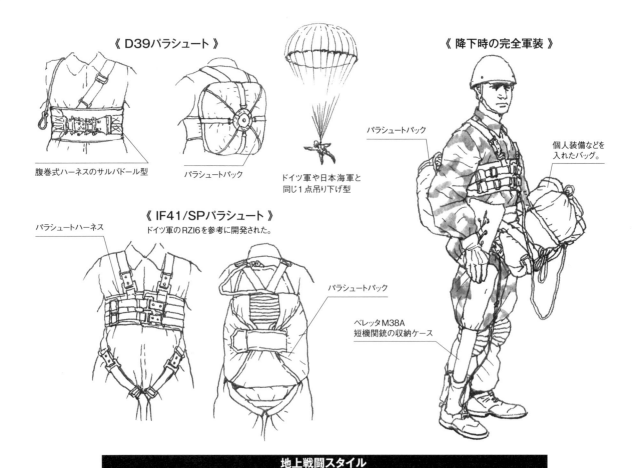

《 D39パラシュート 》

腹巻式ハーネスのサルバドール型

パラシュートパック

ドイツ軍や日本海軍と
同じ1点吊り下げ型

《 IF41/SPパラシュート 》
ドイツ軍のRZI6を参考に開発された。

パラシュートハーネス

パラシュートパック

ベレッタM38A
短機関銃の収納ケース

《 降下時の完全軍装 》

パラシュートパック

個人装備などを
入れたバッグ。

地上戦闘スタイル

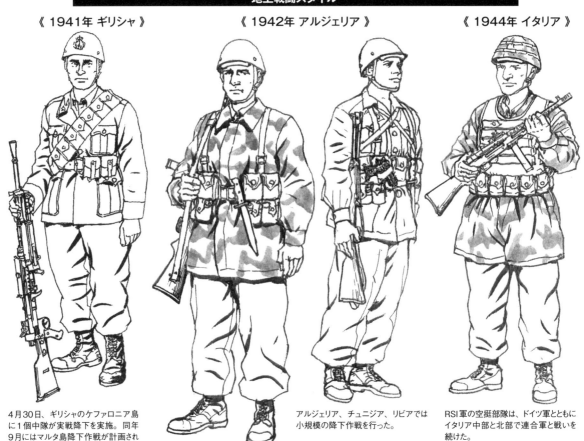

《 1941年 ギリシャ 》

《 1942年 アルジェリア 》

《 1944年 イタリア 》

4月30日、ギリシャのケファロニア島
に1個中隊が実戦降下を実施。同年
9月にはマルタ島降下作戦が計画され
たが、実施されなかった。

アルジェリア、チュニジア、リビアでは
小規模の降下作戦を行った。

RSI軍の空挺部隊は、ドイツ軍とともに
イタリア中部と北部で連合軍と戦いを
続けた。

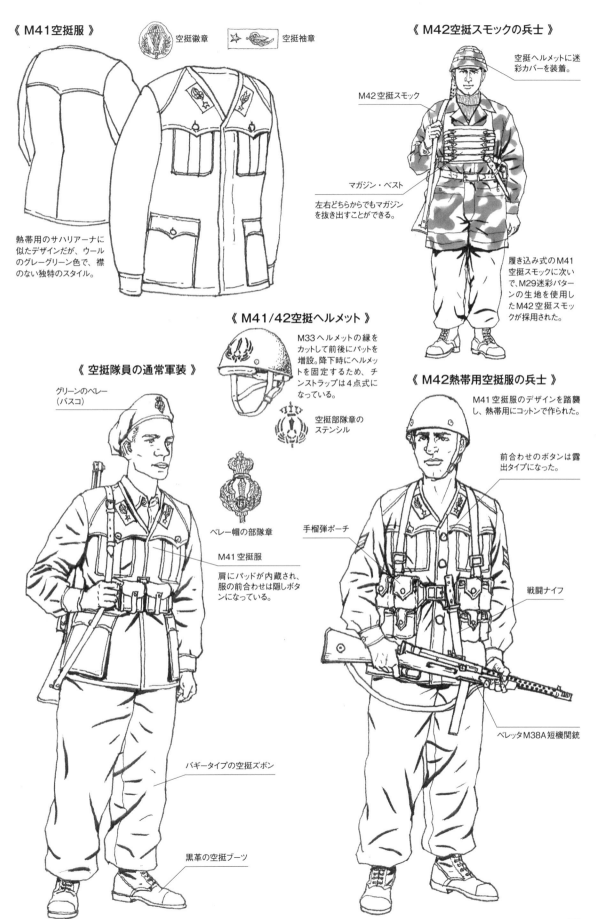

《 M41空挺服 》

空挺徽章

空挺袖章

熱帯用のサハリアーナに似たデザインだが、ウールのグレーグリーン色で、襟のない独特のスタイル。

《 M42空挺スモックの兵士 》

空挺ヘルメットに迷彩カバーを装着。

M42空挺スモック

マガジン・ベスト
左右どちらからでもマガジンを抜き出すことができる。

履き込み式のM41空挺スモックに次いで、M29迷彩パターンの生地を使用したM42空挺スモックが採用された。

《 M41/42空挺ヘルメット 》

M33ヘルメットの縁をカットして前後にパットを増設。降下時にヘルメットを固定するため、チンストラップは4点式になっている。

空挺部隊章のステンシル

《 空挺隊員の通常軍装 》

グリーンのベレー（バスコ）

ベレー帽の部隊章

M41 空挺服
肩にパッドが内蔵され、服の前合わせは隠しボタンになっている。

バギータイプの空挺ズボン

黒革の空挺ブーツ

《 M42熱帯用空挺服の兵士 》

M41 空挺服のデザインを踏襲し、熱帯用にコットンで作られた。

前合わせのボタンは露出タイプになった。

手榴弾ポーチ

戦闘ナイフ

ベレッタM38A 短機関銃

《 マガジン・ベスト 》

胸に5本、背中に7本の
マガジンを携帯できる。他
に胸だけにマガジンを収納
する簡易型もあった。

手榴弾ポーチ

ドイツ軍装備のイタリア空挺部隊兵士

パンツァーファースト

Kar98k用
降下猟兵バンダリア

ドイツ軍
M24手榴弾

Kar98k用
弾薬盒

ドイツ軍
M24手榴弾

Kar98k小銃

ドイツ軍
降下スモック

《 短機関銃用マガジンポーチの
バリエーション 》

RSI海軍デチマ・マス海兵師団

デチマ・マス海兵師団は、1943年のイタリア降服後にイタリアの北部・中部を支配するRSI(イタリア社
会共和国)によって同年末に編制された陸戦部隊である。

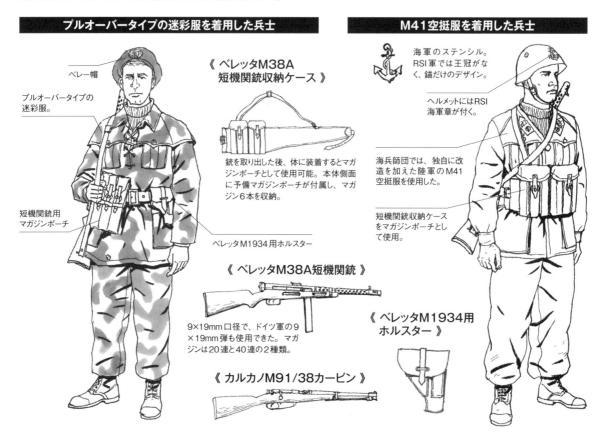

プルオーバータイプの迷彩服を着用した兵士

ベレー帽

プルオーバータイプの
迷彩服。

短機関銃用
マガジンポーチ

《 ベレッタM38A
短機関銃収納ケース 》

銃を取り出した後、体に装着するとマガ
ジンポーチとして使用可能。本体側面
に予備マガジンポーチが付属し、マガ
ジン6本を収納。

ベレッタM1934用ホルスター

《 ベレッタM38A短機関銃 》

9×19mm口径で、ドイツ軍の9
×19mm弾も使用できた。マガ
ジンは20連と40連の2種類。

《 カルカノM91/38カービン 》

M41空挺服を着用した兵士

海軍のステンシル。
RSI軍では王冠がな
く、錨だけのデザイン。

ヘルメットにはRSI
海軍章が付く。

海兵師団では、独自に改
造を加えた陸軍のM41
空挺服を使用した。

短機関銃収納ケース
をマガジンポーチとし
て使用。

《 ベレッタM1934用
ホルスター 》

南王国軍とRSI軍

1943年9月3日、ムッソリーニの失脚に伴い、新政権は連合国と停戦した。それによりドイツ軍は北イタリアを占領する。新政権に幽閉されていたムッソリーニはドイツ軍により救出され、9月23日、イタリア社会共和国の成立を発表したことで、イタリアは南北に分かれ、南王国軍とRSI（イタリア社会共和国）軍の2つの軍隊が誕生することになった。

南王国軍

《 マントヴァ戦闘団の陸軍伍長 》

イタリア降服後の1944年4月、自由イタリア軍を編制。装備や軍装はイギリス軍から支給された。

マントヴァ戦闘団章

階級章はイタリア軍と同じ。

野戦服はP37バトルドレスを着用。

《 Mk.Ⅱヘルメット 》

イギリス軍用。ベルサリエリ部隊は羽飾りを付けていた。

《 M42熱帯帽 》

《 山岳帽（将校用） 》

アルピーニ部隊は伝統の山岳帽を継承した。

《 レニャーノ戦闘団の兵士 》

レニャーノ戦闘団章

防寒用のバトル・ジャーキン

戦闘装備もイギリス軍のP37装備になった。

《 フォルゴーレ戦闘団の中尉 》

空挺部隊の装備もイギリス式になる。

国家章を兼ねる戦闘団章を左右の肩に付けている。

フォルゴーレ戦闘団章

《 RSIデチマ・マス海兵師団 》

ヘルメット徽章は王冠を外したデザインのステンシル。

襟も王国の星章から短剣章に替わった。

バラをくわえたドクロとXaの部隊シールド。

M24手榴弾

海兵師団のみで使用されたボタン露出型のM41空挺服。

《 GRN（共和国防衛軍）の兵士 》
治安維持のために編制された。

黒のフェズ帽を着用。

黒シャツの襟には赤いM章が付く。

ベレッタM1934用ホルスター

ベレッタM38A短機関銃

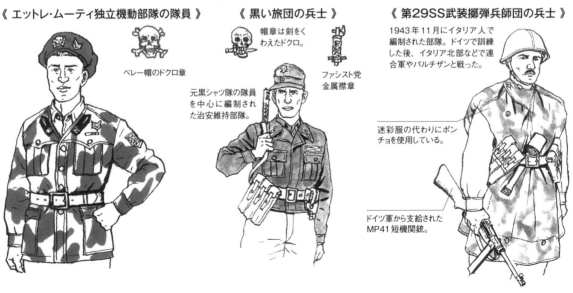

《 エットレ・ムーティ独立機動部隊の隊員 》

ベレー帽のドクロ章

《 黒い旅団の兵士 》

帽章は剣をくわえたドクロ。

元黒シャツ隊の隊員を中心に編制された治安維持部隊。

ファシスト党金属襟章

《 第29SS武装擲弾兵師団の兵士 》

1943年11月にイタリア人で編制された部隊。ドイツで訓練した後、イタリア北部などで連合軍やパルチザンと戦った。

迷彩服の代わりにポンチョを使用している。

ドイツ軍から支給されたMP41短機関銃。

車両搭乗員

第二次大戦時のイタリア陸軍には戦車部隊の他、機械化部隊であるベルサリエリ部隊や快速部隊があった。これらの部隊の車両搭乗員には専用の被服や装備が支給されていた。

戦車部隊

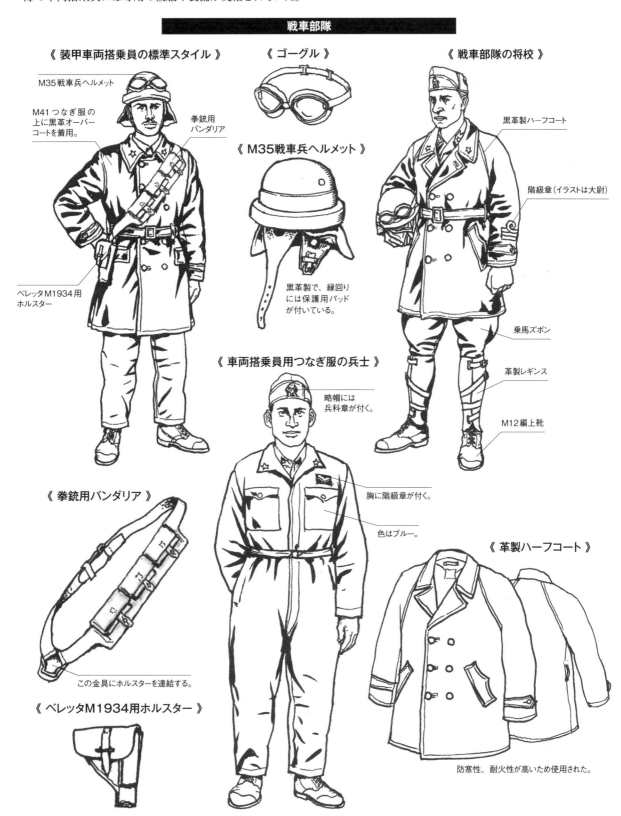

《 装甲車両搭乗員の標準スタイル 》

M35戦車兵ヘルメット

M41つなぎ服の上に黒革オーバーコートを着用。

拳銃用バンダリア

ベレッタM1934用ホルスター

《 ゴーグル 》

《 M35戦車兵ヘルメット 》

黒革製で、縁回りには保護用パッドが付いている。

《 車両搭乗員用つなぎ服の兵士 》

略帽には兵科章が付く。

胸に階級章が付く。

色はブルー。

《 戦車部隊の将校 》

黒革製ハーフコート

階級章(イラストは大尉)

乗馬ズボン

革製レギンス

M12編上靴

《 拳銃用バンダリア 》

この金具にホルスターを連結する。

《 ベレッタM1934用ホルスター 》

《 革製ハーフコート 》

防寒性、耐火性が高いため使用された。

快速部隊

快速部隊とは機械化歩兵部隊のことで、軽戦車や装甲車を装備していた。

《 アフリカ戦線のオートバイ兵 》

オートバイヘルメット

ゴーグル

乗馬ズボン

革製レギンス

M41軍靴

《 オートバイヘルメット 》

戦車兵ヘルメットと同じデザインだが、正面につばが付く。

《 ベルサリエリ部隊のオートバイ兵 》

羽飾り付きM33ヘルメット。

M40サハリアーナを着用。

カルカノM38カービン

プルオーバースモックを着用。

M12編上靴

《 快速部隊の兵士 》

戦車兵ヘルメット

M40野戦服

《 レオネッサ機甲師団の戦車兵 》

黒のベレー帽

ドイツ軍に似たイタリア製、黒の戦車服。

前部にドクロの徽章が付く。

肩章は縫い込み式。

袖章

ベルトに戦闘ナイフを装備。

袖の階級章(イラストは中尉)

袖は開き式ではない。

戦車兵もピューメを付けている。

金属の襟章

イタリア軍のベークライト製ボタン。

《 ベルサリエリ部隊のヘルメット 》

正面にはステンシルで兵科章が描かれている。

雄鶏の羽を使った羽飾りピューメが付く。

ズボンもドイツ軍に似たイタリア製。

レオネッサ機甲師団は、1943年9月のイタリア降服後、ドイツ軍の支援を受けて編制された。

アフリカ戦線では、防暑帽も使用した。

その他の枢軸軍

第二次大戦で、枢軸同盟に参加した国や枢軸軍として戦った軍隊は意外と多い。枢軸国となった理由は様々だが、その多くは、ソ連の共産主義を脅威と捉えていた反共のファシズム国家、抑圧や植民地支配されてきた民族、そしてドイツ及び日本の影響下に誕生した傀儡政権の国々で構成されていた。これら枢軸側として戦った代表的な軍隊及び義勇軍の軍装を紹介する。

フィンランド軍

フィンランドとソ連の間では、第二次大戦中に二度の戦いが起きている。1939年11月から翌年3月までの"冬戦争"と呼ばれる戦いと、1941年6月から1944年9月まで戦われた"継続戦争"である。継続戦争では、独ソ戦にフィンランドが巻き込まれる形で始まったが、ソ連を攻撃したことでフィンランドは枢軸国とみなされる結果となった。フィンランドはこの戦争により冬戦争で失った領土を取り返すことができたが、ソ連との講和後に今度はドイツと戦うことになる。

冬戦争の陸軍歩兵

《 M36型野戦服の上級軍曹 》

服の色は明るめのグレー。

小銃用の弾薬ポーチ。

ズボンは兵／下士官ともに乗馬型を使用。

ラップランド・ブーツ

冬季用ブーツ。夏季には通常の長靴を使用する。

雑嚢

水筒

ズボンのストライプは、階級によって幅と本数が異なる。

《 M36型野戦服の大尉 》

M36シープスキン防寒帽

将校は斜革付きベルトを使用。

拳銃用ホルスター

将校用ズボンのストライプも階級別に幅と本数が異なる。ズボンのストライプは1941年に廃止。

マップケース

《 帽子のバリエーション 》

M36型野戦帽

M36型防寒野戦帽

M39型制帽（兵／下士官用）

M39型制帽（将校用）

M22型制帽

《 国家章 》

帽子に付けられる白と黄色の国家色章

赤地に金のライオンの国家章（将校用）

《 冬季装備の狙撃兵 》

ツーピースのパーカーを着用。

フィニッシュ・ナガンM28狙撃銃

冬戦争では、狙撃手シモ・ヘイヘが確認戦果だけでもソ連兵542名の射殺を記録している。

顎紐は上部に上げていることが多い。

白のつなぎ服

日本製の竹ストックを使用していた兵士もいた。

《 1939年の冬戦争で活躍したスキー兵 》

フィンランドのスキー部隊は、素早く行動するため軽装だった。

スオミKP/31短機関銃

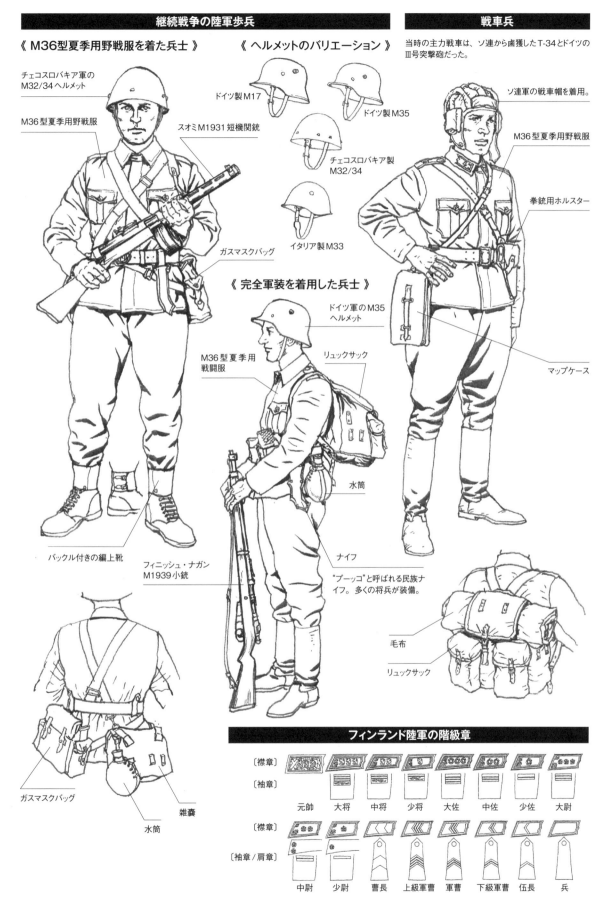

継続戦争の陸軍歩兵

《 M36型夏季用野戦服を着た兵士 》

- チェコスロバキア軍の M32/34ヘルメット
- M36型夏季用野戦服
- スオミM1931短機関銃
- ガスマスクバッグ
- バックル付きの編上靴
- フィニッシュ・ナガン M1939小銃
- ガスマスクバッグ
- 水筒
- 雑嚢

《 ヘルメットのバリエーション 》

- ドイツ製M17
- ドイツ製M35
- チェコスロバキア製 M32/34
- イタリア製M33

《 完全軍装を着用した兵士 》

- ドイツ軍の M35 ヘルメット
- M36型夏季用 戦闘服
- リュックサック
- 水筒
- ナイフ
- "ブーッコ"と呼ばれる民族ナイフ。多くの将兵が装備。

戦車兵

当時の主力戦車は、ソ連から鹵獲したT-34とドイツの Ⅲ号突撃砲だった。

- ソ連軍の戦車帽を着用。
- M36型夏季用野戦服
- 拳銃用ホルスター
- マップケース
- 毛布
- リュックサック

フィンランド陸軍の階級章

〔襟章〕 〔袖章〕	元帥	大将	中将	少将	大佐	中佐	少佐	大尉
〔襟章〕 〔袖章/肩章〕	中尉	少尉	曹長	上級軍曹	軍曹	下級軍曹	伍長	兵

ルーマニア軍

ルーマニアは1940年11月、枢軸条約に加盟し枢軸国となった。翌年、独ソ戦が開始されるとドイツ軍とともにソ連へ侵攻する。東部戦線で戦い続けていたルーマニア軍は、1944年8月、クーデターによって連合軍側となりドイツ軍へ宣戦布告。今度はドイツ軍と戦うことになった。

《 ルーマニア軍の帽子 》

野戦帽カベル
（兵／下士官用）

野戦帽カベル
（将校用）

略帽ボネット

M41制帽（将官用）

完全装備の歩兵　1941年

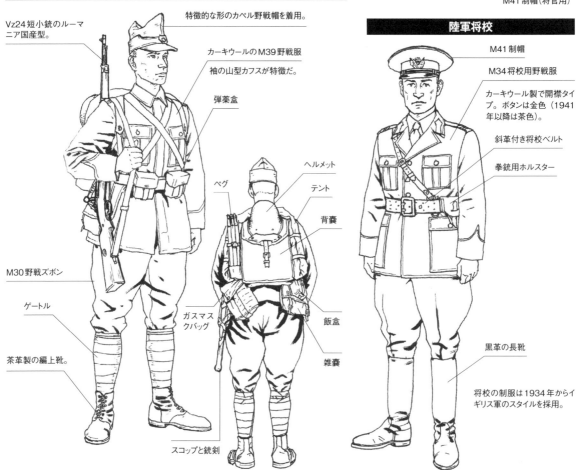

特徴的な形のカベル野戦帽を着用。

Vz24短小銃のルーマニア国産型。

カーキウールのM39野戦服

袖の山型カフスが特徴だ。

弾薬盒

ペグ

ヘルメット

テント

背嚢

M30野戦ズボン

ゲートル

ガスマスクバッグ

飯盒

茶革製の編上靴。

雑嚢

スコップと銃剣

陸軍将校

M41制帽

M34将校用野戦服

カーキウール製で開襟タイプ。ボタンは金色（1941年以降は茶色）。

斜革付き将校ベルト

拳銃用ホルスター

黒革の長靴

将校の制服は1934年からイギリス軍のスタイルを採用。

ルーマニア陸軍の階級章

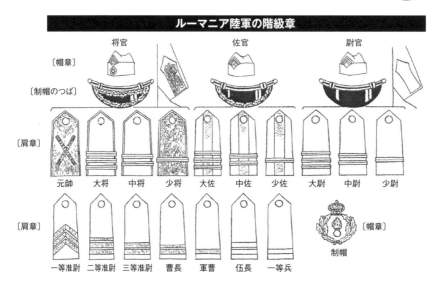

〔帽章〕　将官　佐官　尉官

〔制帽のつば〕

〔肩章〕

元帥　大将　中将　少将　大佐　中佐　少佐　大尉　中尉　少尉

〔肩章〕

一等准尉　二等准尉　三等准尉　曹長　軍曹　伍長　一等兵

〔帽章〕

制帽

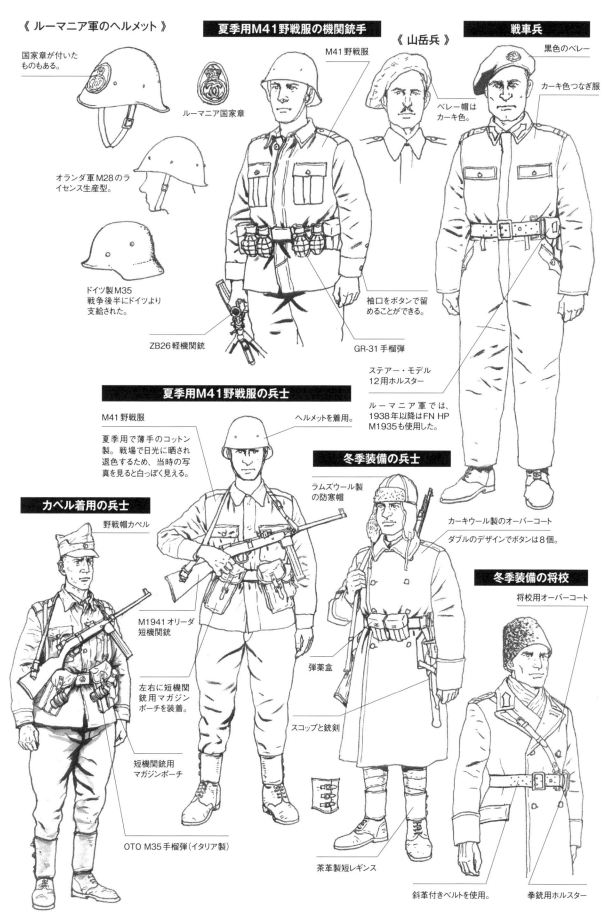

《 ルーマニア軍のヘルメット 》

国家章が付いた
ものもある。

ルーマニア国家章

オランダ軍M28のラ
イセンス生産型。

ドイツ製M35
戦争後半にドイツより
支給された。

夏季用M41野戦服の機関銃手

M41 野戦服

ZB26 軽機関銃

GR-31 手榴弾

《 山岳兵 》

ベレー帽は
カーキ色。

袖口をボタンで留
めることができる。

戦車兵

黒色のベレー

カーキ色つなぎ服

ステアー・モデル
12用ホルスター

ルーマニア軍では、
1938年以降はFN HP
M1935も使用した。

夏季用M41野戦服の兵士

M41 野戦服

夏季用で薄手のコットン
製。戦場で日光に晒され
退色するため、当時の写
真を見ると白っぽく見える。

ヘルメットを着用。

冬季装備の兵士

ラムズウール製
の防寒帽

カーキウール製のオーバーコート

ダブルのデザインでボタンは8個。

カペル着用の兵士

野戦帽カペル

M1941 オリーダ
短機関銃

左右に短機関
銃用マガジン
ポーチを装着。

短機関銃用
マガジンポーチ

OTO M35 手榴弾（イタリア製）

弾薬盒

スコップと銃剣

茶革製短レギンス

冬季装備の将校

将校用オーバーコート

斜革付きベルトを使用。

拳銃用ホルスター

189

ハンガリー軍

ハンガリーは、1940年10月、枢軸国に加盟した。独ソ戦に参戦し、ドイツ軍をサポートしたが、スターリングラード戦では1個軍が全滅している。大戦末期、戦局の悪化に伴い、連合国へ接近するため反政府勢力がクーデターを起こすが失敗し、ドイツ軍に占領された。その後、ソ連軍の反攻で1945年2月、ブダペストは陥落。今度はソ連の占領下に置かれる。終戦後、総選挙によりハンガリー王国は消滅し、ソ連の衛生国となった。

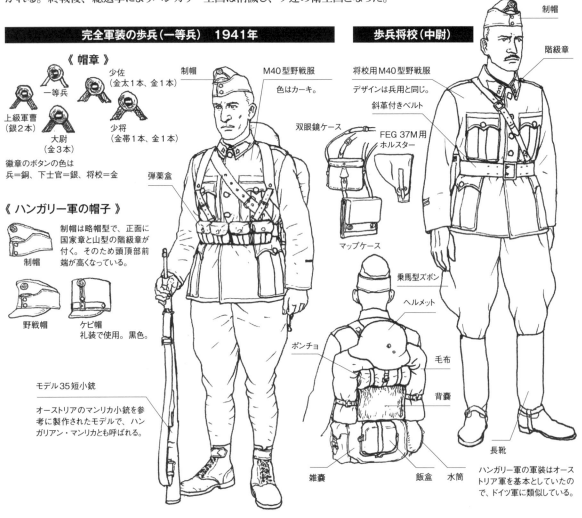

完全軍装の歩兵（一等兵）　1941年

《 帽章 》

一等兵

少佐（金太1本、金1本）

上級軍曹（銀2本）

大尉（金3本）

少将（金帯1本、金1本）

徽章のボタンの色は
兵＝銅、下士官＝銀、将校＝金

《 ハンガリー軍の帽子 》

制帽

制帽は略帽型で、正面に国家章と山型の階級章が付く。そのため頭頂部前端が高くなっている。

野戦帽

ケピ帽　礼装で使用。黒色。

モデル35短小銃

オーストリアのマンリカ小銃を参考に製作されたモデルで、ハンガリアン・マンリカとも呼ばれる。

制帽

M40型野戦服　色はカーキ。

双眼鏡ケース

弾薬盒

歩兵将校（中尉）

制帽

階級章

将校用M40型野戦服　デザインは兵用と同じ。

斜革付きベルト

FEG 37M用ホルスター

マップケース

乗馬型ズボン

ヘルメット

ポンチョ

毛布

背嚢

雑嚢

飯盒

水筒

長靴

ハンガリー軍の軍装はオーストリア軍を基本としていたので、ドイツ軍に類似している。

ハンガリー陸軍の階級章

〔襟章〕
〔袖章〕

元帥	大将	中将	少将	大佐	中佐

〔襟章〕
〔袖章〕

少佐	大尉	中尉	少尉	士官候補生	准尉

〔襟章〕
〔袖章〕

曹長	上級軍曹	軍曹	上級伍長	伍長	一等兵	兵

《 ハンガリー軍のヘルメット 》

戦闘用ヘルメットはドイツ軍型の国産ヘルメットを使用した。

M17ヘルメット

M38ヘルメット

M35戦車兵ヘルメット
イタリア軍の黒革製。

戦車兵

ゴーグルを装着。

M35戦車兵ヘルメットを着用。

シャツや野戦服の上につなぎ服を着用した。

MP40短機関銃を装備した軍曹

FEG 37M用ホルスター

M38ヘルメット

M40型野戦服

短機関銃用マガジンポーチ

双眼鏡ケース

ズボンの裾は膝下から絞られたデザイン。

夏季ユニフォーム姿の兵士

野戦帽

夏季用シャツ

ライトカーキの夏季用野戦服もあったが、東部戦線ではこのスタイルが多い。

弾薬盒

拳銃用ホルスター

M38ヘルメットを着用。

オーバーコート着用の兵士

カーキ色ウールのオーバーコート

雑嚢

短機関銃用マガジンポーチ

《 短機関銃用マガジンポーチ 》

M39短機関銃

戦車兵 将校

茶革のハーフコート

FEG 37M用ホルスター

ポンチョを羽織った兵士

M38ヘルメット

オーバーコート

迷彩ポンチョ

M24手榴弾

弾薬盒

1943年以降の戦車兵

ジャケットは胴体部分が革で、袖がキャンバス製の戦時簡略型。

FEG 37M用ホルスター

スロバキア軍

スロバキアは、1938年9月のミュンヘン協定によりチェコスロバキアから翌年3月に独立してスロバキア共和国となった。独立はしたが、ドイツの保護国であったため同時に枢軸国の一員となる。第二次大戦はポーランド戦より参戦し、独ソ戦が始まると東部戦線で戦った。1944年8月、国内で反ドイツの民衆蜂起が発生するが、鎮圧され、ドイツの占領下に置かれる。その後、ソ連軍の攻撃で1945年4月、首都ブラチスラヴァは陥落。5月のドイツ降伏で共和国は消滅した。

《 M34ヘルメット 》　　《 略帽 》

国家章

帽章

帽章が付く。

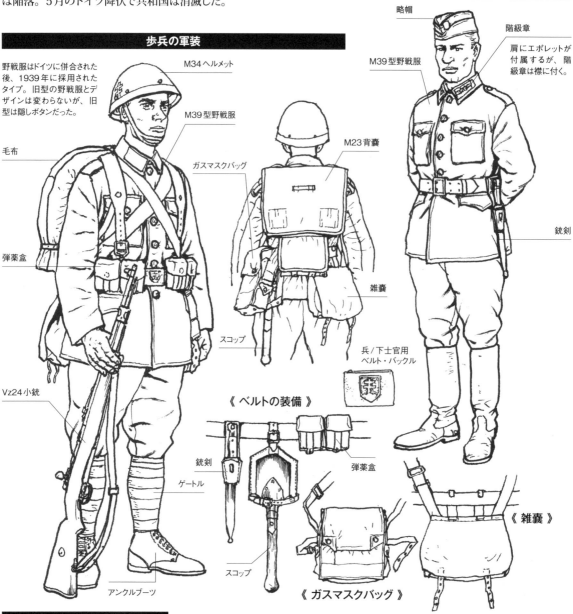

歩兵の軍装

野戦服はドイツに併合された後、1939年に採用されたタイプ。旧型の野戦服とデザインは変わらないが、旧型は隠しボタンだった。

M34ヘルメット

M39型野戦服

毛布

ガスマスクバッグ

弾薬盒

Vz24小銃

ゲートル

アンクルブーツ

M23背嚢

雑嚢

スコップ

兵/下士官用
ベルト・バックル

《 ベルトの装備 》

銃剣

弾薬盒

スコップ

《 ガスマスクバッグ 》

《 雑嚢 》

略帽姿の下士官

略帽

M39型野戦服

階級章

肩にエポレットが付属するが、階級章は襟に付く。

銃剣

スロバキア陸軍の階級章

〔襟章〕　中将　少将　大佐　中佐　少佐　大尉　中尉　少尉

一等准尉　二等准尉　軍曹　軍曹勤務伍長　伍長　伍長勤務上等兵　兵

192

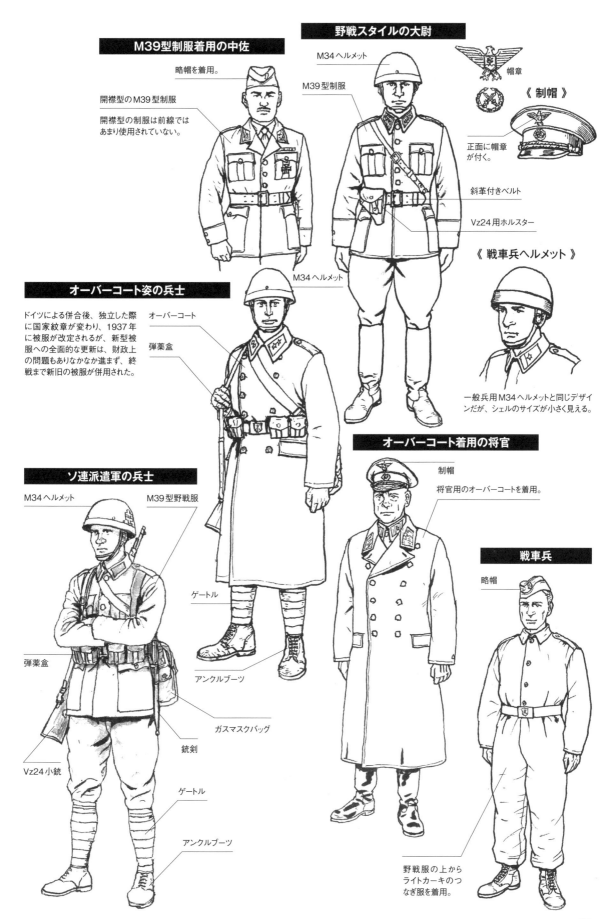

M39型制服着用の中佐

略帽を着用。

開襟型のM39型制服

開襟型の制服は前線では
あまり使用されていない。

野戦スタイルの大尉

M34ヘルメット

M39型制服

帽章

《 制帽 》

正面に帽章
が付く。

斜革付きベルト

Vz24用ホルスター

《 戦車兵ヘルメット 》

一般兵用M34ヘルメットと同じデザイ
ンだが、シェルのサイズが小さく見える。

オーバーコート姿の兵士

ドイツによる併合後、独立した際
に国家紋章が変わり、1937年
に被服が改定されるが、新型被
服への全面的な更新は、財政上
の問題もありなかなか進まず、終
戦まで新旧の被服が併用された。

M34ヘルメット

オーバーコート

弾薬盒

オーバーコート着用の将官

制帽

将官用のオーバーコートを着用。

ソ連派遣軍の兵士

M34ヘルメット

M39型野戦服

ゲートル

弾薬盒

ガスマスクバッグ

銃剣

Vz24小銃

ゲートル

アンクルブーツ

アンクルブーツ

戦車兵

略帽

野戦服の上から
ライトカーキのつ
なぎ服を着用。

193

ブルガリア軍

ブルガリアは1941年3月、ドイツ軍の進駐により同盟に加入して枢軸国となった。対ソ戦には参戦していなかったが、1944年9月5日、ソ連軍はブルガリアに宣戦布告。ブルガリア軍は無抵抗のまま降伏する。9月9日のクーデターによって政権が交代し、連合国側としてドイツとの戦闘を開始した。

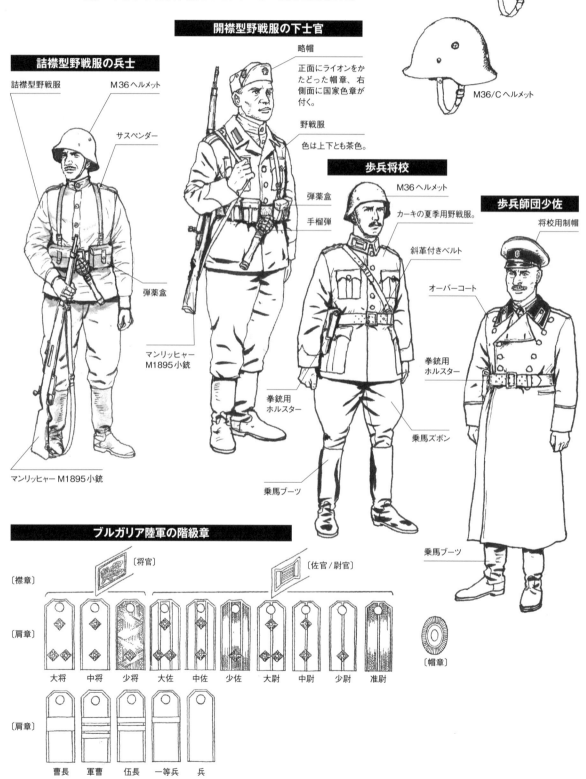

《 ブルガリア軍のヘルメット 》

国家色章

M36/Aヘルメット

M36/Cヘルメット

開襟型野戦服の下士官

略帽
正面にライオンをかたどった帽章、右側面に国家色章が付く。

野戦服
色は上下とも茶色。

弾薬盒

手榴弾

マンリッヒャー M1895小銃

拳銃用ホルスター

詰襟型野戦服の兵士

詰襟型野戦服

M36ヘルメット

サスペンダー

弾薬盒

マンリッヒャー M1895小銃

歩兵将校

M36ヘルメット

カーキの夏季用野戦服。

斜革付きベルト

拳銃用ホルスター

乗馬ズボン

乗馬ブーツ

歩兵師団少佐

将校用制帽

オーバーコート

拳銃用ホルスター

乗馬ブーツ

ブルガリア陸軍の階級章

〔将官〕

〔佐官 / 尉官〕

〔襟章〕

〔肩章〕

| 大将 | 中将 | 少将 | 大佐 | 中佐 | 少佐 | 大尉 | 中尉 | 少尉 | 准尉 |

〔肩章〕

| 曹長 | 軍曹 | 伍長 | 一等兵 | 兵 |

〔帽章〕

ドイツ軍の義勇部隊

第二次大戦でドイツ軍は、併合・占領した地域のドイツ系住民や植民地の住民などで義勇軍を編制した。また、独ソ戦が始まると枢軸国だけでなく、ソ連軍捕虜や占領地の住民で多くの反共義勇部隊も編制された。

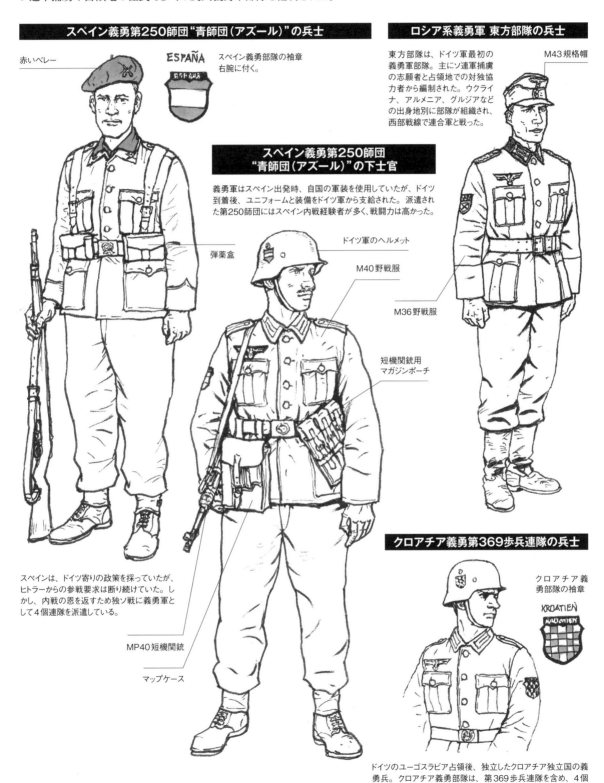

スペイン義勇第250師団 "青師団（アズール）"の兵士

赤いベレー

ESPAÑA
スペイン義勇部隊の袖章
右腕に付く。

スペイン義勇第250師団 "青師団（アズール）"の下士官

義勇軍はスペイン出発時、自国の軍装を使用していたが、ドイツ到着後、ユニフォームと装備をドイツ軍から支給された。派遣された第250師団にはスペイン内戦経験者が多く、戦闘力は高かった。

ドイツ軍のヘルメット

M40野戦服

弾薬盒

短機関銃用
マガジンポーチ

スペインは、ドイツ寄りの政策を採っていたが、ヒトラーからの参戦要求は断り続けていた。しかし、内戦の恩を返すため独ソ戦に義勇軍として4個連隊を派遣している。

MP40短機関銃

マップケース

ロシア系義勇軍 東方部隊の兵士

東方部隊は、ドイツ軍最初の義勇軍部隊。主にソ連軍捕虜の志願者と占領地での対独協力者から編制された。ウクライナ、アルメニア、グルジアなどの出身地別に部隊が組織され、西部戦線で連合軍と戦った。

M43規格帽

M36野戦服

クロアチア義勇第369歩兵連隊の兵士

クロアチア義勇部隊の袖章

KROATIEN

ドイツのユーゴスラビア占領後、独立したクロアチア独立国の義勇兵。クロアチア義勇部隊は、第369歩兵連隊を含め、4個歩兵連隊が編制された。

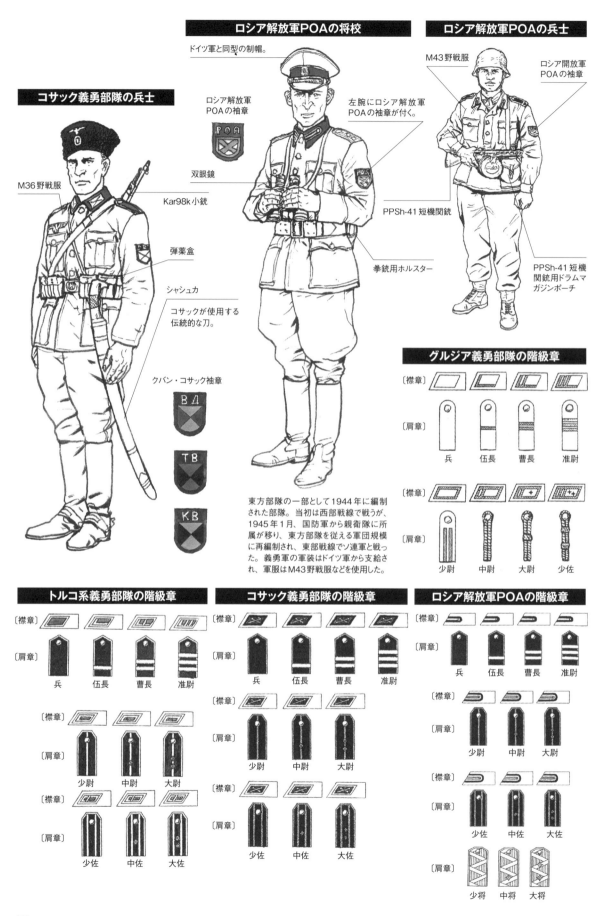

コサック義勇部隊の兵士

ロシア解放軍POAの将校

ロシア解放軍POAの兵士

ドイツ軍と同型の制帽。

ロシア解放軍POAの袖章

左腕にロシア解放軍POAの袖章が付く。

M43野戦服

ロシア開放軍POAの袖章

M36野戦服

Kar98k小銃

双眼鏡

弾薬盒

シャシュカ

コサックが使用する伝統的な刀。

クバン・コサック袖章

PPSh-41短機関銃

拳銃用ホルスター

PPSh-41短機関銃用ドラムマガジンポーチ

グルジア義勇部隊の階級章

〔襟章〕
〔肩章〕
兵　伍長　曹長　准尉

〔襟章〕
〔肩章〕
少尉　中尉　大尉　少佐

東方部隊の一部として1944年に編制された部隊。当初は西部戦線で戦うが、1945年1月、国防軍から親衛隊に所属が移り、東方部隊を従える軍団規模に再編制され、東部戦線でソ連軍と戦った。義勇軍の軍装はドイツ軍から支給され、軍服はM43野戦服などを使用した。

トルコ系義勇部隊の階級章

〔襟章〕
〔肩章〕
兵　伍長　曹長　准尉

〔襟章〕
〔肩章〕
少尉　中尉　大尉

〔襟章〕
〔肩章〕
少佐　中佐　大佐

コサック義勇部隊の階級章

〔襟章〕
〔肩章〕
兵　伍長　曹長　准尉

〔襟章〕
〔肩章〕
少尉　中尉　大尉

〔襟章〕
〔肩章〕
少佐　中佐　大佐

ロシア解放軍POAの階級章

〔襟章〕
〔肩章〕
兵　伍長　曹長　准尉

〔襟章〕
〔肩章〕
少尉　中尉　大尉

〔襟章〕
〔肩章〕
少佐　中佐　大佐

〔肩章〕
少将　中将　大将

グルジア義勇部隊の将校

ドイツ軍と同じ制帽。

M36制服

GEORGIEN

グルジア義勇部隊の袖章
右腕に付く。

ベルギー義勇部隊の兵士

ベルギーのワロン地域に住むワロン人により編制された義勇部隊。1941年、大隊規模から始まり旅団を経て、1944年には師団規模の部隊となった。

WALLONIE
WALLONE

ベルギー義勇部隊の袖章
左腕に付く。

アルメニア義勇部隊の兵士

ARMENIEN

アルメニア義勇部隊の袖章
右腕に付く。

ドイツ軍ヘルメット

M36野戦服

所属部隊章

反共フランス義勇軍団（LVF）の下士官

フランス義勇部隊の袖章
右腕に付く。

FRANCE
FRANCE

略帽

M36戦闘服

インド義勇部隊の兵士

ターバンがインド人部隊のトレードマーク。

フランスの反共主義者及びフランス軍捕虜とロシア革命でフランスに逃れていたロシア人の志願者により編制された義勇部隊。フランスでは他に、フランス人義勇兵から成る第33SS武装擲弾兵師団（シャルマーニュ）も編制された。

FREIES INDIEN
FREIES INDIEN

インド義勇部隊の袖章
右腕に付く。

弾薬盒

Kar98k 小銃

トルコ系義勇部隊の兵士

BIZ ALLA Bilen.
TURKISTAN

独ソ戦で捕虜となったトルコ系ソ連兵で組織された義勇部隊。主にフランスとイタリアに配備されて連合軍と戦った。

アフリカ/中東の義勇部隊兵士

北アフリカのチュニジアや中東のシリア、イラク出身者で編制された義勇軍。ドイツの中東進出計画で活動する予定であった。

FREIES ARABIEN

インド兵捕虜とヨーロッパに居住していたインド人の志願者により創立した義勇部隊。イギリスからのインド独立運動を指揮していたスバス・チャンドラ・ボースがドイツに援助を求め、部隊が編制された。

満州国軍

昭和7年（1932年）に建国した満州国には、陸海軍と航空隊が創設されている。当初は、日本軍の軍事顧問が派遣され、旧軍閥の部隊を指導、指揮したが、軍官学校を開校するなど順次組織を拡充させていき、満州国の防衛に当たった。実戦は、昭和8年の熱河作戦からノモンハン事件などに参加している。昭和16年には徴兵制も施行され、銃器類も日本製に統一されていく。

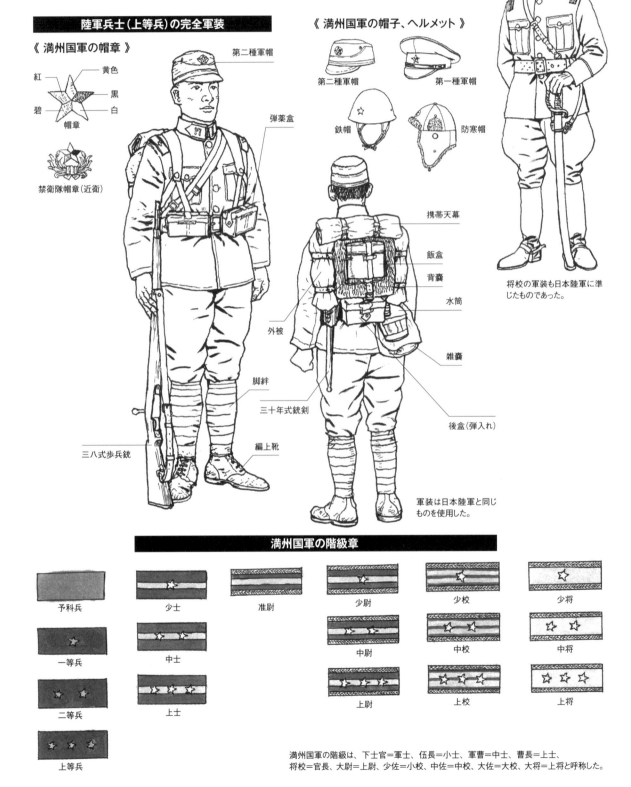

陸軍兵士（上等兵）の完全軍装

《 満州国軍の帽章 》

紅　黄色　黒　碧　白　帽章

禁衛隊帽章（近衛）

第二種軍帽
弾薬盒
外被
三十年式銃剣
脚絆
三八式歩兵銃
編上靴

《 満州国軍の帽子、ヘルメット 》

第二種軍帽　第一種軍帽
鉄帽　防寒帽

携帯天幕
飯盒
背嚢
水筒
雑嚢
後盒（弾入れ）

軍装は日本陸軍と同じものを使用した。

将校の軍装も日本陸軍に準じたものであった。

満州国軍の階級章

予科兵　少士　准尉　少尉　少校　少将
一等兵　中士　　　中尉　中校　中将
二等兵　上士　　　上尉　上校　上将
上等兵

満州国軍の階級は、下士官＝軍士、伍長＝小士、軍曹＝中士、曹長＝上士、将校＝官長、大尉＝上尉、少佐＝小校、中佐＝中校、大佐＝大校、大将＝上将と呼称した。

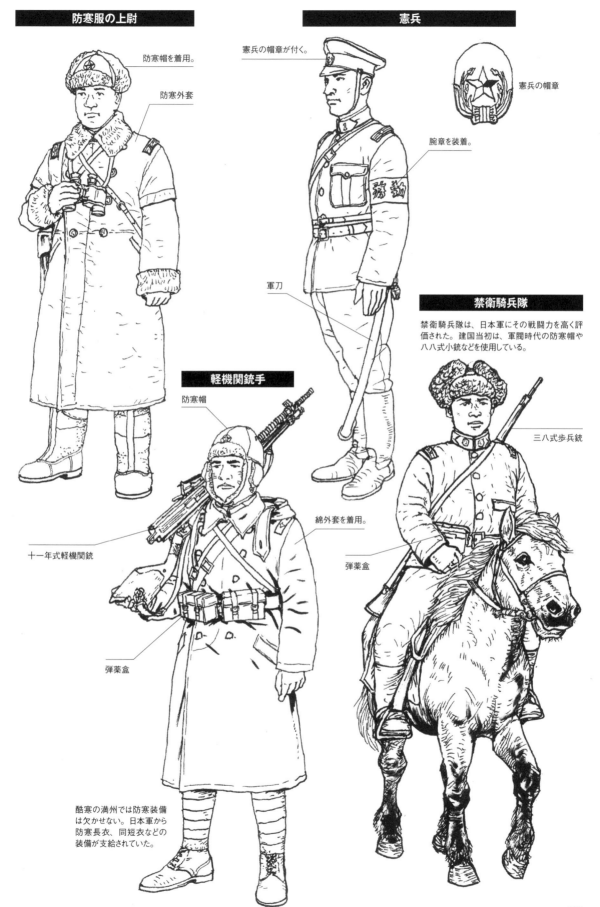

防寒服の上尉

防寒帽を着用。

防寒外套

憲兵

憲兵の帽章が付く。

憲兵の帽章

腕章を装着。

軍刀

禁衛騎兵隊

禁衛騎兵隊は、日本軍にその戦闘力を高く評価された。建国当初は、軍閥時代の防寒帽や八八式小銃などを使用している。

三八式歩兵銃

軽機関銃手

防寒帽

綿外套を着用。

十一年式軽機関銃

弾薬盒

弾薬盒

酷寒の満州では防寒装備は欠かせない。日本軍から防寒長衣、同短衣などの装備が支給されていた。

インド国民軍（INA）

日本陸軍とインド独立連盟の計画により、シンガポール占領後、インド軍捕虜の志願者から編制されたのが、インド国民軍（Indian National Army ＝INA）である。スバス・チャンドラ・ボースは、1943年10月21日、インド独立連盟総会において、自由インド仮政府樹立を宣言する。そして同月24日、枢軸国としてアメリカとイギリスに宣戦布告した。

《 インド国民軍のヘルメットと帽子 》

Mk.IIヘルメット　　　　略帽

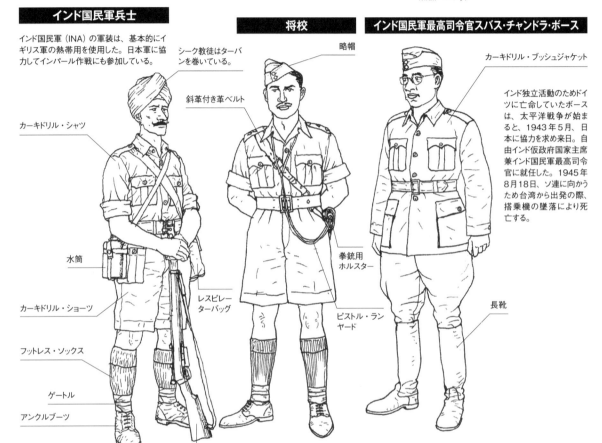

インド国民軍兵士

インド国民軍（INA）の軍装は、基本的にイギリス軍の熱帯用を使用した。日本軍に協力してインパール作戦にも参加している。

シーク教徒はターバンを巻いている。

カーキドリル・シャツ

水筒

カーキドリル・ショーツ

フットレス・ソックス

ゲートル

アンクルブーツ

No.1 Mk.III小銃

将校

略帽

斜革付き革ベルト

拳銃用ホルスター

レスピレーターバッグ

ピストル・ランヤード

兵と同様に将校もイギリス軍の熱帯用ユニフォームを使用している。インド国民軍の兵力は終戦時に約2万名だった。

インド国民軍最高司令官スバス・チャンドラ・ボース

カーキドリル・ブッシュジャケット

インド独立活動のためドイツに亡命していたボースは、太平洋戦争が始まると、1943年5月、日本に協力を求め来日。自由インド仮政府国家主席兼インド国民軍最高司令官に就任した。1945年8月18日、ソ連に向かうため台湾から出発の際、搭乗機の墜落により死亡する。

長靴

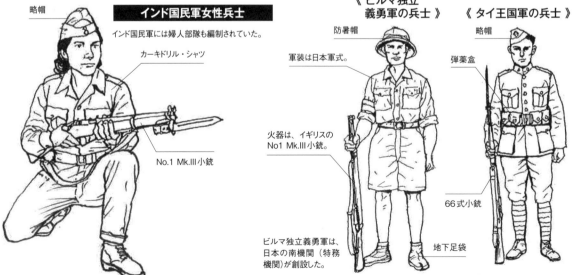

インド国民軍女性兵士

略帽

インド国民軍には婦人部隊も編制されていた。

カーキドリル・シャツ

No.1 Mk.III小銃

その他の東南アジア枢軸軍

《 ビルマ独立
義勇軍の兵士 》　　　《 タイ王国軍の兵士 》

防暑帽

略帽

軍装は日本軍式。

弾薬盒

火器は、イギリスのNo1 Mk.III小銃。

66式小銃

ビルマ独立義勇軍は、日本の南機関（特務機関）が創設した。

地下足袋

中華民国臨時政府軍／南京国民政府軍

盧溝橋事件後、華北を占領した日本は、中華民国臨時政府を1937年12月に成立させ現地を統治していく。その後、日本軍は、重慶に移り抗戦を続ける蒋介石に対抗するため、1940年3月、汪兆銘を主席とする中華民国南京国民政府を樹立させた。その際に中華民国臨時政府は南京国民政府に吸収されている。南京国民政府は枢軸国に国家として承認されたが、連合国には認められず、1943年1月、汪兆銘はアメリカ、イギリスに対して宣戦布告した。

政府軍は、河北省、山東省、河南省、山西省の華北四省と北京、天津、青島市などの都市の治安維持任務にあたった。軍装は軍閥時代からのものを使用。そのため地域と部隊によって装備などに違いがあった。

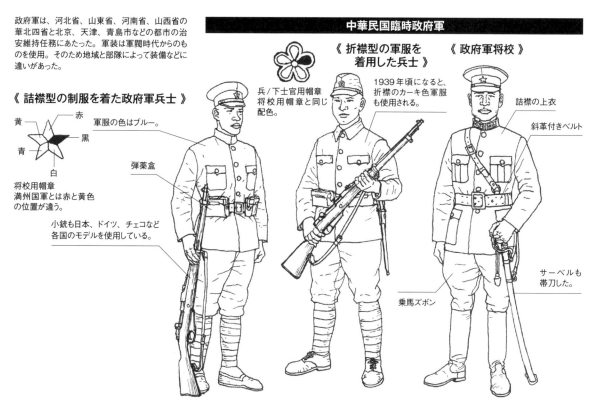

中華民国臨時政府軍

《 詰襟型の制服を着た政府軍兵士 》

黄 赤 黒 青 白
将校用帽章
満州国軍とは赤と黄色の位置が違う。

軍服の色はブルー。

弾薬盒

小銃も日本、ドイツ、チェコなど各国のモデルを使用している。

《 折襟型の軍服を着用した兵士 》

兵／下士官用帽章将校用帽章と同じ配色。

1939年頃になると、折襟のカーキ色軍服も使用される。

《 政府軍将校 》

詰襟の上衣

斜革付きベルト

サーベルも帯刀した。

乗馬ズボン

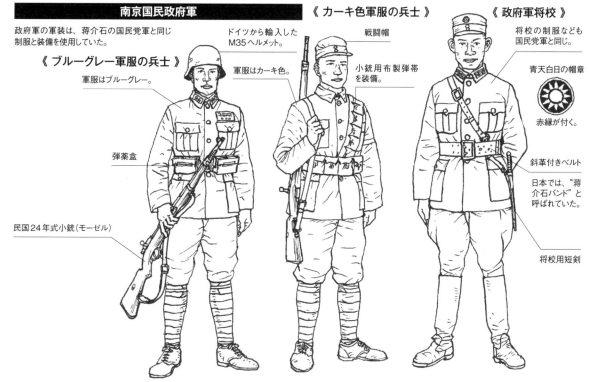

南京国民政府軍

政府軍の軍装は、蒋介石の国民党軍と同じ制服と装備を使用していた。

《 ブルーグレー軍服の兵士 》

軍服はブルーグレー。

弾薬盒

民国24年式小銃（モーゼル）

ドイツから輸入したM35ヘルメット。

軍服はカーキ色。

《 カーキ色軍服の兵士 》

戦闘帽

小銃用布製弾帯を装備。

《 政府軍将校 》

将校の制服なども国民党軍と同じ。

青天白日の帽章

赤縁が付く。

斜革付きベルト

日本では、"蒋介石バンド"と呼ばれていた。

将校用短剣

各国のその他の
部隊及び装備

軍隊において警察的な役割を担う憲兵隊、戦時下において重要な職務に就いていた女性部隊。さらに兵士の重要な足として活躍した軍用自転車など、各種装備品について解説。

憲兵隊

軍隊の秩序と規律の維持、犯罪の取り締まりから交通整理、戦時には捕虜を取り扱う。その任務から、
軍装も国ごとに特徴あるものとなっている。

●ドイツ軍

交通指示棒を持つ野戦憲兵

ゴルゲット

交通指示棒

《 野戦憲兵徽章 》

色は兵科色と同じオレンジ。

武装親衛隊の野戦憲兵

ゴルゲットの鷲は親衛隊徽章。

左袖には所属する部隊名袖章と憲兵隊の袖章を装着。

SS山岳部隊章

Feldgendarmerie
野戦憲兵隊の袖章

第13SS武装山岳師団 "ハントシャール" の野戦憲兵

ボスニアのイスラム教徒義勇兵で組織された部隊なのでフェズを着用。

野戦憲兵隊章

クロアチア師団章

袖章

《 ゴルゲット 》
甲冑の胸当てを由来とするもので、金属製のプレートに陸軍徽章とFeldgendarmerie（野戦憲兵）の文字が入っている。

この部分には蓄光塗料が塗られており夜間発光する。

保安警察

ドイツの政治警察。防諜や思想犯の取り締まりだけでなく、治安維持任務も行う警察軍的な組織である。占領地においては対パルチザン戦も行った。

《 保安警察徽章 》
色は兵科色のライトグリーン。

保安警察の徽章が付く。

《 交通指示棒 》

車両の検問や手信号の交通指示をする際に使用。丸形のプレートは目立つよう赤白に塗られ憲兵隊徽章とHALT（止まれ）とPOLIZEI（警察）の文字が入る。赤白だけのバリエーションもあった。

空軍地上部隊の野戦憲兵

野戦憲兵隊の袖章

ゴルゲットの鷲は空軍タイプ。

コートはオートバイ兵用のもので、ゴム引き布生地で作られている。

MP40短機関銃

マップケース

左袖に空軍の袖章を装着。

●日本軍

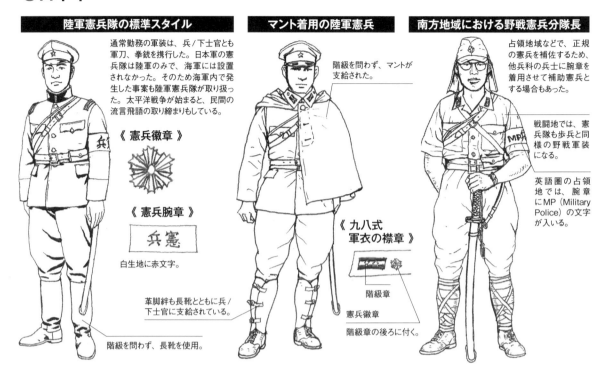

陸軍憲兵隊の標準スタイル

通常勤務の軍装は、兵/下士官とも軍刀、拳銃を携行した。日本軍の憲兵隊は陸軍のみで、海軍には設置されなかった。そのため海軍内で発生した事案も陸軍憲兵隊が取り扱った。太平洋戦争が始まると、民間の流言飛語の取り締まりもしている。

《憲兵徽章》

《憲兵腕章》

兵憲

白生地に赤文字。

革脚絆も長靴とともに兵/下士官に支給されている。

階級を問わず、長靴を使用。

マント着用の陸軍憲兵

階級を問わず、マントが支給された。

《九八式軍衣の襟章》

階級章

憲兵徽章

階級章の後ろに付く。

南方地域における野戦憲兵分隊長

占領地域などで、正規の憲兵を補佐するため、他兵科の兵士に腕章を着用させて補助憲兵とする場合もあった。

戦闘地では、憲兵隊も歩兵と同様の野戦軍装になる。

英語圏の占領地では、腕章にMP（Military Police）の文字が入る。

●中国軍

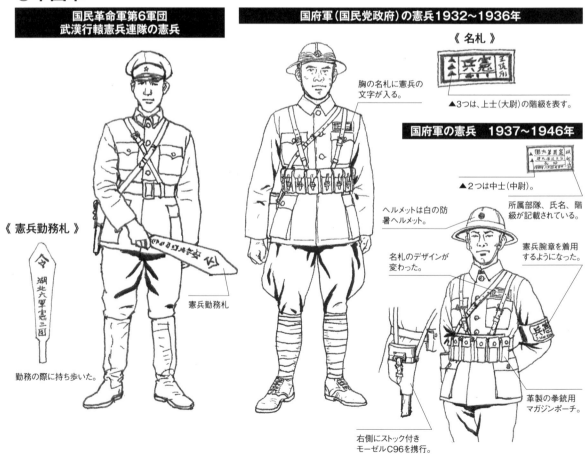

国民革命軍第6軍団 武漢行轄憲兵連隊の憲兵

《憲兵勤務札》

令

湖北六軍憲三団

憲兵勤務札

勤務の際に持ち歩いた。

国府軍（国民党政府）の憲兵1932～1936年

《名札》

兵憲

▲3つは、上士（大尉）の階級を表す。

胸の名札に憲兵の文字が入る。

ヘルメットは白の防暑ヘルメット。

国府軍の憲兵　1937～1946年

▲2つは中士（中尉）。

所属部隊、氏名、階級が記載されている。

名札のデザインが変わった。

憲兵腕章を着用するようになった。

革製の拳銃用マガジンポーチ。

右側にストック付きモーゼルC96を携行。

●アメリカ軍 / イギリス軍 / ソ連軍

交通整理を行うアメリカ陸軍憲兵

白のヘルメット、手袋そしてレギンスがアメリカ陸軍憲兵の特徴。ピストルベルトを使用する際は白色を装備した。

平時や後方地区の場合、ヘルメットはライナーのみを使用。

《 アメリカ陸軍憲兵の腕章 》

腕章は紺地に白文字

ベルトとホルスターは茶革

イギリス陸軍憲兵

制帽に赤色のカバーを付けていたので、"レッドキャップ"と呼ばれた。

《 イギリス陸軍憲兵の腕章 》

腕章は紺地に赤字。

ベルト、サスペンダー、レギンスは白を着用した。

前線勤務のアメリカ陸軍憲兵

ヘルメットのマーキングは、白地にMPの文字が基本だが、ラインや部隊マークを入れる例もある。また、前線ではODカラーに白または黄色でMPの文字とラインを入れた。

憲兵の軍装はヘルメットと腕章以外、一般兵と同じ。

白色の制帽カバー。

イギリス陸軍交通統制憲兵部隊の兵士

イギリス軍は、憲兵隊の他に交通統制憲兵部隊を編制。同部隊の兵士は、白のキャップカバーとスリーブカバーを装着した。

《 イギリス陸軍交通統制憲兵隊の部隊章 》

C.M.P.

TC

袖に装着するスリーブカバー。

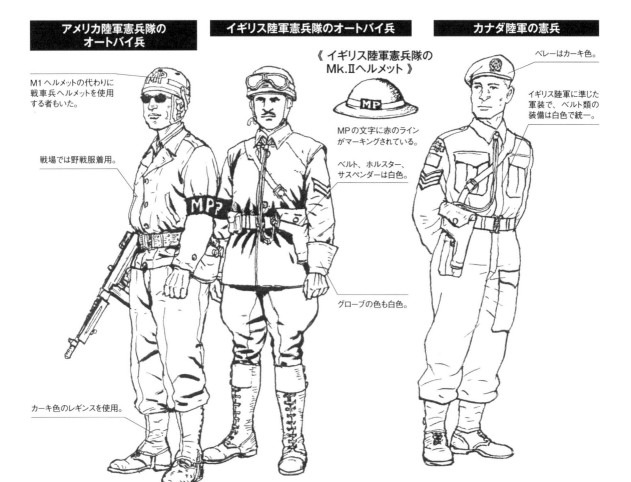

アメリカ陸軍憲兵隊のオートバイ兵

M1ヘルメットの代わりに戦車兵ヘルメットを使用する者もいた。

戦場では野戦服着用。

カーキ色のレギンスを使用。

イギリス陸軍憲兵隊のオートバイ兵

《イギリス陸軍憲兵隊のMk.Ⅱヘルメット》

MPの文字に赤のラインがマーキングされている。

ベルト、ホルスター、サスペンダーは白色。

グローブの色も白色。

カナダ陸軍の憲兵

ベレーはカーキ色。

イギリス陸軍に準じた軍装で、ベルト類の装備は白色で統一。

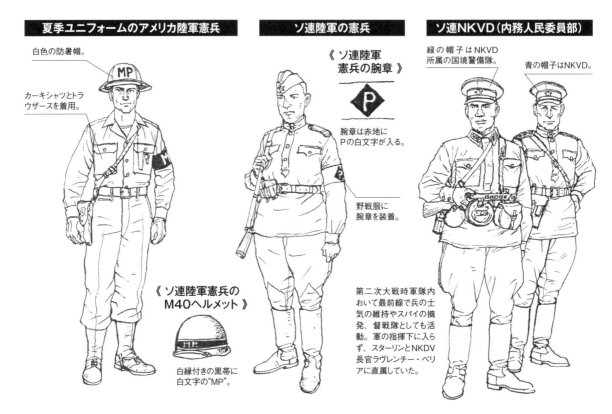

夏季ユニフォームのアメリカ陸軍憲兵

白色の防暑帽。

カーキシャツとトラウザースを着用。

ソ連陸軍の憲兵

《ソ連陸軍憲兵の腕章》

腕章は赤地にPの白文字が入る。

野戦服に腕章を装着。

《ソ連陸軍憲兵のM40ヘルメット》

白緑付きの黒帯に白文字の"MP"。

ソ連NKVD（内務人民委員部）

緑の帽子はNKVD所属の国境警備隊。

青の帽子はNKVD。

第二次大戦時軍隊内おいて最前線で兵の士気の維持やスパイの摘発、督戦隊としても活動。軍の指揮下に入らず、スターリンとNKDV長官ラヴレンチー・ベリアに直属していた。

衛生兵

最前線の衛生兵は、負傷した兵士に応急処置を施し、負傷兵を野戦病院へ後送することを任務としていた。第二次大戦当時の応急処置は、止血と消毒に痛み止めを使った苦痛緩和など限られた処置しかできなかった。

**赤十字ゼッケンを付けた
アメリカ陸軍の衛生兵**

両腕に赤十字
腕章を装着。

ゼッケンを装着。

アメリカ陸軍の衛生兵

赤十字が入ったヘルメット。

野戦服は、
一般兵と同じ。

腕に赤十字
腕章を装着。

医療器材を入れた
メディカルバッグ。

イギリス陸軍の担架兵

戦場で負傷し応急手当を受け
た後、歩行困難な負傷兵を後
方の野戦病院まで搬送した。

腕章、白地に赤字
でSB（Stretcher
Bearer=担架兵）
の文字が入る。

医療器材を
入れたバッグ。

**北アフリカ戦線の
イギリス陸軍衛生兵**

《 腕章の
バリエーション 》

左側に水筒。

メディカルバッグを装備。

《 アメリカ軍ヘルメット赤十字マーキングのバリエーション 》

白丸に赤十字が前後左右に
描かれた基本的なマーキング。

正面に白縁の赤十字、左右
に師団マークが付く。

左右の白い四角に赤十字、
正面に階級章が付く。

左右の大きな白丸に赤十字、
正面に師団マーク。

4カ所の白い四角に赤十字。

ヘルメット全体を白塗装とし、
前後左右に赤十字を記入。

メディカルバッグは2個で
1セット。専用のサスペン
ダーを使用して装着した。

ソ連陸軍の女性衛生兵

ソ連軍では、早い時期から女性兵士が最前線で活動していた。

《 赤十字のカバーを被せた
フランス軍のヘルメット 》

武装したソ連軍の衛生兵

衛生兵はジュネーブ条約の国際法により戦場で身分が保護され、非武装とされていた。しかし、戦場では撃たれることも当然あった。特に東部戦線では独ソ両軍の衛生兵が狙い撃ちされることもあり、武装した衛生兵もいた。

フランス軍の衛生兵

《 フランス軍の医療部隊徽章 》

衛生兵のヘルメットには、医療部隊の徽章が付く。

《 担架兵の腕章 》

カーキに白色の斜め十字マーク。

他国の衛生兵と同様にフランス軍の衛生兵も最前線ではメディカルバッグと水筒のみで活動した。

イタリア軍の衛生兵

ヘルメットに医療部隊章が付く。

左腕に赤十字の腕章を装着。

《 赤十字章 》

《 イタリア軍の
医療部隊章 》

メディカルバッグを携行。

ドイツ軍の衛生兵

《 ドイツ軍空挺ヘルメットの
マーキング 》

ヘルメットには、頭頂部に赤十字を描いていたが、描かない場合もあった。

医療員徽章が付く。

ベルトの左右に革製のメディカルポーチを2個を装着している。

M39メディカルバッグ

左腕に赤十字の腕章を装着。

識別用の赤十字ゼッケン

《 ドイツ軍の
M39メディカルバッグ（背嚢）》

日本軍の衛生兵（軍医）

衛生器材の入った革製の繃帯嚢を携行。

軍衣の袖に赤十字章を縫い付けている。

《 軍医繃帯嚢 》

各国の女性兵士

女人禁制の組織である軍隊に女性が進出するきっかけとなったのが第一次大戦だった。総力戦となったこの戦争では、不足する男性の兵力を補うため、イギリスなどで女性部隊が創設された。終戦後、女性の部隊は解散されたが、第二次大戦の危機が迫ると、再び女性部隊が復活する。そして連合軍、枢軸軍ともに陸海空軍へ多数の女性が入隊し、大半は後方支援に当たったが、ソ連軍のように最前線の兵士として任務に就いた女性兵士もいた。

●ドイツ軍

第二次大戦は、各種産業だけでなく軍隊においても女性が様々な任務に進出する戦争であった。ドイツ軍も陸海空軍と親衛隊で、女性は事務、通信、対空監視などの任務に就いて活躍した。なおドイツ軍では、女性部隊のことを"補助婦隊"と呼び、女性隊員のことを"補助婦"と呼んだ。

陸軍通信補助婦隊

右胸の国家章

左腕に通信隊章が付く。

ネクタイ用ブローチ

ネクタイ用ブローチ

コートの左腕に付く通信隊章

制服左袖に付く通信隊章

黒革製ハンドバッグ

黒革靴

《 勤務服 》
制服は、グレーのダブルブレスト・ジャケットとスカートのスタイル。左袖には通信隊章（ブリッツ）と"NH das Heeres"（陸軍通信隊）の袖章を装着。略帽には、通信隊の兵科色レモンイエローのパイピングが付く。

《 夏季制服 》
夏服は、白のブラウスにグレーのスカートと略帽。

《 冬季ロングコート 》
グレーのウール製で左袖に通信隊章が付く。

《 1944年制定の制服 》
陸海空軍の補助婦隊員は、1944年11月に国防軍補助婦隊に統合。この際、制服も統一されてジャケットはシングルブレストになった。イラストは業務指導婦（士官クラス）。

空軍補助婦隊

空軍徽章　　ネクタイピン　　高射砲補助婦隊
右袖章

親衛隊徽章

親衛隊胸章

通信技官章

略帽は黒色。

親衛隊の制服はシングルブレストタイプ。色は上下フィールドグレー。左袖には親衛隊徽章と通信特技官章が付く。袖に所属部隊のカフバンドを付けている場合もある。

《 高射砲補助婦 》

《 通信補助婦 》

聴音機や照空灯の操作時には、規格帽と作業服で任務に就く。階級章と職種章は左腕に装着。

空軍の制服はブルーグレーのシングルブレスト。

通信隊章　　照空灯操作手章　　聴音機操作手章

海軍補助婦隊

海軍胸章(金色)　　ネクタイ用ブローチ(金色)

《 勤務服 》

海軍には専用の服がなく、1944年に制服が統一されるまで、陸軍の制服を使用。略帽は紺色の海軍タイプ。左袖には"Marienhelferin"(海軍補助婦)の袖章が付く。

《 作業服 》

1944年より、紺色の野外勤務服が支給された。

●イギリス軍

イギリスは第一次大戦時に陸海空軍に婦人補助部隊を編製したが、これらの部隊は戦後に解散していた。第二次大戦の危機が迫る1938年、イギリス政府は女性部隊の再編制を決定。1938年9月、陸軍はATS（Auxiliary Territorial Service＝国防義勇軍補助部隊）を創設。海軍は1939年2月にWRNS（Woman's Royal Naval Service＝英国海軍婦人部隊）を、空軍も6月にWAAF（Woman's Auxiliary Air Force＝空軍婦人補助部隊）を創設した。

陸軍 国防義勇軍補助部隊（ATS）

ATS徽章

《 制帽 》

色は制帽と同じカーキ色。

《 ATSベレー帽 》

《 1941年型制服（兵/下士官用）》

ATS肩章

《 ATSグレーコート 》

カーキウール生地の防寒用コート。

色はカーキ。

PROVOST

《 ATSの1938年型制服 》

兵/下士官が通常勤務時に着用するカーキウール生地の制服。シャツとネクタイはタン色。

《 憲兵隊の制帽 》

制帽に赤のカバーを被せていた。女性憲兵は最初、ATS制帽を使用していたが、1941年以降は男性用と同じ制帽を用いた。

ATS憲兵隊兵長。左右の袖に憲兵隊のPROVOST隊名章と左袖にMP腕章が付いている。創設当初、軍属であったATSは、1941年4月、陸軍所属部隊となったことから制服の改定が行なわれた。

《 対空監視を行うATS隊員 》

Mk.IIヘルメット

ガスマスクを収めたバッグ。

《 バトルドレス 》

バトルドレスとトラウザースは、屋外での勤務や作業、訓練時に使用された。

バトル・ジャーキン（防寒用ベスト）を着用。

《 シューズ各種 》

ATSユニフォーム・シューズ（茶革）

ATSワーク・ブーツ（茶革）

WRNSユニフォーム・シューズ（黒革）

WAAFユニフォーム・シューズ（黒革）

《 ATS将校制帽 》

《 ATS略帽 》

海軍婦人部隊（WRNS）

《 WRNS水兵帽 》

レン帽とも呼ばれる帽子。帽子正面にはHMSの金文字が入る。

《 ATS将校用制服
初期タイプ 》

《 ATS将校用制服
1941年制定タイプ 》

《 WRNS士官帽 》

《 WRNS兵/下士官制服 》

将校は、襟に徽章を付けていた。

WRNS士官用帽章

士官用と同型であるが、階級章は袖の肩に付き、ボタンは紺色。

《 WRNS士官用制服 》

二等士官（大尉相当）の制服。白のシャツに紺のネクタイを着用する。ボタンは金色で階級章は袖口に付く。

《 WAAF兵/
下士官制帽 》

《 ATSカーキドリル・ユニフォーム 》

ブルーグレーウールのオーバーコート。ボタンは制服と同じ金色。

婦人部隊を表すA文字の襟章。

色は空軍の制服と同じブルーグレー。ボタンは金色になる。

《 WAAF将校制帽 》

将校用帽章

熱帯地域で使用されたコットン生地のシャツとスカート。

《 WAAF
オーバーコート 》

《 WAAF兵/下士官の制服 》

《 WAAF士官の制服 》

空軍婦人補助部隊（WAAF）

WAAF肩章

●アメリカ軍

アメリカ軍の女性部隊は、陸軍がWAAC (Women's Army Auxiliary Corps＝陸軍婦人補助部隊)を1942年5月14日に編制し、1943年7月1日、アメリカ陸軍の制式部隊に承認されてWAC (Women's Army Corps＝陸軍婦人部隊)となった。海軍も1942年5月にWAVES (Women's Reserve of the US Naval Reserve＝合衆国海軍婦人予備隊)を発足、海兵隊は翌年にUSMCWR (US Marine Corps Women's Reserve＝合衆国海兵隊婦人予備部隊)を創設する。WAFS (Women's Auxiliary Ferrying Squadron＝補助航空隊婦人部隊)は、工場からアメリカ国内またはイギリスへ航空機を操縦して輸送する準軍事組織の婦人部隊として、1942年9月に編制された。その後、女性飛行訓練部隊と1943年8月に併合し、WASP (Women Airforce Service Pilots＝婦人空軍部隊パイロット)となった。他に沿岸警備隊にも女性部隊があり、第二次大戦終結までに20万人以上の女性が兵役に就いた。

陸軍婦人補助部隊（WAAC）/陸軍婦人部隊（WAC）

《 1943年6月制定の制服 》

《 WACワンピースの冬季制服 》

WAC襟章

《 部隊創設時に採用された
WAAC通常勤務服 》

WAC士官帽章

兵／下士官　士官

WAAC帽章

兵／下士官

士官

士官用は1943年
7月以降廃止。

非番時に着用するタンカラーの制服。

《 WAC熱帯用ユニフォーム 》

カーキコットン・シャツと
トラウザース

ベルトは1942年
10月に廃止される。

男性兵士と同じM1ヘル
メットと個人装備を使用。

《 制帽 》

ホビーハットやモンキーハットと
も呼ばれた。WAACとWAC
では帽章のデザインが違う。

《 WACウール・フィールドジャケット 》

女性用の"アイク
ジャケット"。1944
年に採用された。

女性用のM1943フィー
ルドジャケットとトラウ
ザース着用。

《 略帽 》

1944年4月に採用された。

《 WAC野外用訓練/作業時の衣服 》

213

《 WAVES士官用制帽 》

WAVES徽章

WAFS徽章

WAFS部隊章

WASPパイロット徽章

《 WAVES夏季用
ワンピース型制服 》

《 WAFS制服 》

《 WASPパイロット 》

《 WAVES将校用の
冬季制服 》

上衣はシングル
ブレスのジャケッ
ト型になる。

生地は青白のストラ
イプが入った綿製。
略帽とセットで着用。

フライトジャケット
やフライトスーツな
どは、陸軍航空
隊のものを使用。

灰色がかった緑色
のウール生地のジャ
ケット。

《 WAVES兵/
下士官用制帽 》

《 USMCWR夏季用
ユニフォーム 》

《 USMCWR士官用冬季制服 》

《 USMCWR女性用
M1941HBT作業服 》

略帽はフォレストグ
リーンの夏用。

白と緑の
ストライプ生地。

フォレストグリーン
のウール生地ジャ
ケットとスカートに
カーキ色のシャツ
とネクタイを着用。

ジャケットとトラウザー
スは、女性用の他に
男性用も使用された。

海兵隊徽章
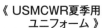

《 USMCWR制帽 》

《 USMCWR略帽 》

《 USMCWR作業帽子 》

フォレストグリーン色
の作業帽だが、夏
季制服着用時にも
使用された。デイジー・
メイとも呼ばれる。

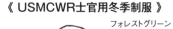

●ソ連軍

ソ連軍は第二次大戦中に他国と違い、最前線において多くの女性がドイツ軍と戦った。その任務は衛生兵、パイロット、戦車兵、狙撃兵と広範囲にわたり、女性の戦闘機部隊や戦車部隊も編制されている。制服は女性用が採用されていたが、独ソ戦開戦による生産と補給の混乱から、男性用の制服を着用している場合が多い。

陸軍

《 1941年型制服 》

《 ワンピース型制服 》

《 オーバーコート 》

《 1943年型制服 》

階級章は襟に付く。

女性用制服として作られた折襟タイプのギムナスチョルカ。

正装用の紺色のスカートだが、カーキ色の野戦用もあった。

略帽(ピロトカ)は男女共用だ。

肩章が階級章になっている。

1943年の制服改定によりギムナスチョルカは、詰襟タイプになった。

《 看護兵 野戦服 》

《 士官用オーバーコート 》

《 看護兵 制服 》

毛皮の耳当てが付いた防寒帽(ウシャンカ)。

冬季防寒用に使用した綿入れキルティングのティログレイカ。

《 女性用ベレー帽 》

ソ連軍のベレー帽着用は、女性だけであった。色は紺色だが、野戦用のカーキ色もあった。

ベレー用帽章

海軍士官帽章

215

《 狙撃兵 》

《 戦車兵 》

《 交通整理員 》

男性用1943年型ギムナスチョルカを着用。戦車兵には、他にコットン製のつなぎ服も支給された。

交通整理部隊の"P"の文字が入った腕章。

狙撃兵は戦場で迷彩つなぎを着用した。

ソ連軍では第二次大戦で著名な女性狙撃兵を数名輩出している。

交通整理用の赤と黄色の手旗。

海軍

空軍

《 海軍水兵 》

アンダーシャツ（テルニヤシュカ）の青白のボーダー（横縞）は男性用より線が細い。

セーラ服は男性用と同じデザイン。

《 海軍士官 》

《 空軍少尉 》

1941年型のギムナスチョルカを着用。

《 女性パイロット 》

女性の実戦部隊は、戦闘機、爆撃機、夜間攻撃部隊が編制された。

防寒コートにパラシュートハーネスを装着。

1932年型の将校用ベルトと斜革を着用。

パイロット章

スカートの他にズボンも支給されていた。

《 海軍兵用ベルト・バックル 》

航空機搭乗員用の装備は男性と同じものを使用した。

●銃後の日本女性

明治時代から太平洋戦争の終戦まで、日本の陸海軍では女性部隊を編制していない。しかし、日中戦争から太平洋戦争が始まると、
国家総動員令などの政令により女性は、軍属や挺身隊となって銃後の日本を支える重要な役割を担った。

婦人会	軍属

《 愛国婦人会 》　　　《 国防婦人会 》　　　《 大日本婦人会 》

胸のマーク

《 女子通信隊 》

制服は戦時中には珍しい、ツービスの洋装だった。

戦死者の遺族・傷病兵の支援などを行うため、明治34年(1901年)に設立された婦人会。当初、会員は皇族や上流階級の婦人に限られていたが、後に一般にも拡大。事務服型の上衣と紫のタスキ姿で活動した。

昭和7年(1932年)、庶民の女性を対象に大阪で創立され、全国組織となった婦人会。出征兵士の見送り、留守家族の支援などの活動を行った。割烹着とタスキがトレードマーク。

愛国婦人会、大日本連合婦人会(昭和6年創立)、国防婦人会の3つの婦人会を統一し、昭和17年(1942年)2月、設立した婦人会。

陸軍の東部軍防空情報隊では昭和18年(1943年)12月、通信業務を行う女性軍属部隊が編制された。

《 女性運転手 》

物資輸送のためのトラック運転手。

《 女性車掌 》

太平洋戦争も末期になると、本土決戦に備えて女性たちの竹槍訓練も日常化していった。

出征した男性に代わり女性の職種も拡大する。鉄道の車掌もその一つであった。車掌以外に運転士も誕生している。

婦人国民服

昭和15年に制定された男性用国民服の女性版として、6種類がデザインされた。しかし、制定されず女性の服装は、和装または洋装にモンペ姿が国民服となった。

《 甲型（洋装）
　　二部式（ツーピース）一号 》

《 甲型
　　二部式二号 》

《 甲型一部式二号 》

《 乙型（和装）二部式 》

和服ながらツーピース式で、半幅の帯の下はスカート風になっている。袖も短い。

《 活動服 》

甲または乙式にモンペを着用する。

《 甲型一部式（ワンピース）一号 》

完全防空服

昭和12年（1937年）に制定された防空法により国民は男女関係なく、空襲に備えての訓練や空襲の際に発生する火災の消火活動などが義務付けられた。そのため、消火活動に適した服装と装具が奨励された。

鉄兜

防空頭巾

手袋

モンペ

脚絆

ズック靴

手甲

防毒面

刺子綿入れ
防空頭巾

非常袋

勤務服

女子挺身隊

未成年の女子学生も女性挺進勤労令により、軍需工場などで就労した。学生の場合、服は作業服か学校の制服上衣にモンペ姿だった。

《 作業服 》
軍需工場などで使用。カーキ色の生地で作られた。

軍用自転車

ドイツ軍用自転車

第二次大戦前のドイツ陸軍では、自転車を伝令や偵察任務に用いていた。大戦初期には歩兵師団の偵察大隊に配備され、威力偵察や占領地のパトロールに用いられている。大戦後半になると、トラックなどの車両不足や燃料不足を補うために機動力としても多用された。

《 個人装備を自転車に搭載した陸軍兵士 》

1942年8月19日、フランスのディエップ海岸に奇襲上陸した連合軍を攻撃するため、自転車で海岸に向かったドイツ軍部隊は、個人装備の他に持てるだけの予備の弾薬を自転車に搭載したが、その重さで車輪のスポークが壊れたというエピソードがある。

《 軍用自転車（Truppenfahrrad＝Tr.Fa.） 》

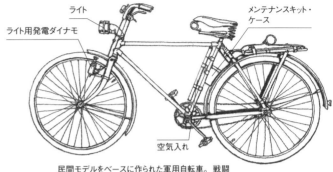

ライト
メンテナンスキット・ケース
ライト用発電ダイナモ
空気入れ

民間モデルをベースに作られた軍用自転車。戦闘部隊の他、後方の警備や保安部隊で使用された。

《 前線に向かう ヒトラーユーゲントの自転車隊 》

パンツァーファースト2本を装備。

《 自動車やトラックなどによる 牽引の様子 》

ストラップで連結し10台くらいまで牽引できた。

《 降下猟兵用折り畳み自転車 後期型 》

ヒンジによりフレーム中央から折り畳み可能に。荷台も設置された。

《 降下猟兵用折り畳み自転車 》

フレームのトップチューブとダウンチューブの中央が外れ、折り畳める構造になっている。

《 専用パラシュート付きパック 》

折り畳んだ自転車
パラシュート

このように収納し、輸送機から投下された。

《 MG34機関銃を装備 》

MG34機関銃

ドラム・マガジンは荷台に載せて運んだ。

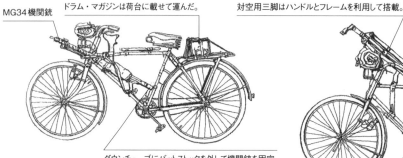

ダウンチューブにバットストックを外して機関銃を固定。

《 MG用機銃架を装備 》

対空用三脚はハンドルとフレームを利用して搭載。

三脚（ラフェッテ）は、荷台に搭載。

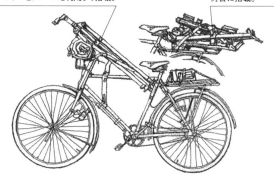

《 機関銃の予備銃身、弾薬を装備 》

予備銃身はケースに入れて、ハンドルとフレームに固定。

荷台に3個の弾薬箱を積載可能。

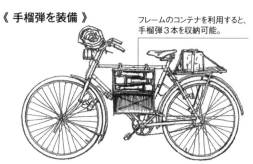

弾薬箱はアッパーチューブに取り付けたコンテナに収納。

《 Pz39対戦車ライフルを装備 》

対戦車ライフルは全長が長いため、フレームから荷台にかけて水平に固定。

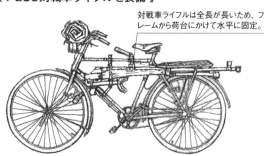

《 手榴弾を装備 》

フレームのコンテナを利用すると、手榴弾3本を収納可能。

《 パンツァーファーストを装備 》

フロントフォークの両側にパンツァーファーストを2基携行。

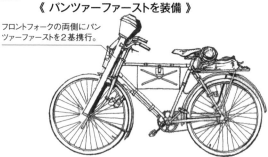

《 leGr.W.36 5cm迫撃砲を装備 》

分解した迫撃砲の砲身を固定。

専用コンテナに入った砲弾は荷台に積載、あるいは別の自転車で運んだ。

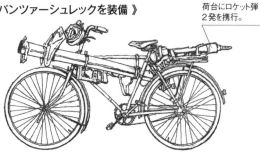

底板はこの位置に固定。

《 パンツァーファーストを装備 》

パンツァーファースト2基をフレームと荷台に固定。

《 パンツァーシュレックを装備 》

荷台にロケット弾2発を携行。

《 StG44突撃銃を装備 》

専用のマウントにStG44突撃銃を固定。

対戦車地雷も専用のラックで携行可能。

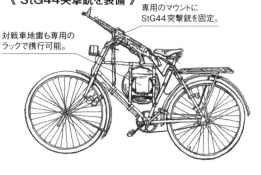

イギリス陸軍は、第一次大戦において自転車を大量に採用し、自転車歩兵部隊を編制した。戦後、同部隊は歩兵部隊に改編され、戦間期は後方地区における伝令などの使用に留まっていた。第二次大戦が始まると空挺部隊やコマンド部隊などでは、前線での伝令の他に偵察任務にも使用している。

《 自転車を使用するイギリス歩兵 》

《 BSA Mk.V軍用自転車 》

イギリス陸軍が使用したBSA（バーミンガム・スモール・アームズ）社製の軍用自転車。BSAは一般にオートバイのメーカーとして有名だが、自転車の製造を1880年頃から始めた老舗でもある。第二次大戦で使用されたMk.Vは、Mk.IVの改良型モデル。

《 BSA Mk.IVのバリエーション 》

空気入れの位置を変更。

ペダルも折り畳めるようになった。

ヨーロッパの道路は整備されていたことから、イギリス陸軍は既に1885年から自転車を歩兵部隊の機動力として採用していた。

《 BSA Mk.IV軍用自転車 》

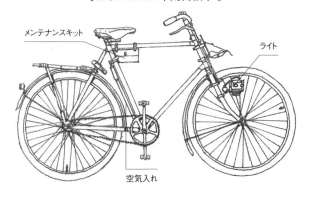

メンテナンスキット

ライト

空気入れ

第一次大戦時に使用されたモデル。付属品のライトは戦場では破損しやすいので、装備していないことが多かった。

《 Mk.Vの小銃装備（例1） 》

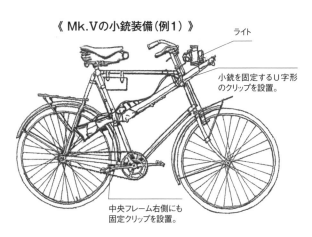

ライト

小銃を固定するU字形のクリップを設置。

中央フレーム右側にも固定クリップを設置。

《 空挺自転車 》

BSAが1944年に開発した空挺部隊用の自転車。ノルマンディー上陸作戦の際は、空挺部隊だけでなくコマンド部隊にも配備されて、将兵とともに海岸に上陸している。

《 空挺自転車を折り畳んだ状態 》

フレームの中央にヒンジが付いており、二つに折り畳むことができる。

コマンド部隊などでは、バックパックや荷物を搭載できるようにフロント部分にフレームを増設。

《 フレームを増設した空挺自転車 》

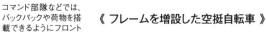

専用のキャンバス製フレームバッグを装着。

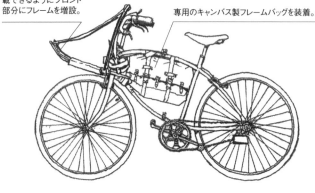

《 自転車を携行し降下する様子 》

空挺作戦の際は空挺兵が抱えて降下するか、グライダーで輸送された。

戦場で移動用の車両が制限される空挺部隊にとって自転車は貴重な移動手段であった。

折り畳むとかなりコンパクトになり、空挺作戦には最適だった。

《 Mk.Vの小銃装備（例2） 》

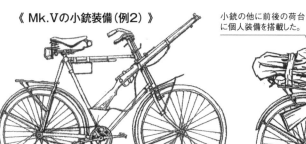

銃床をカップで固定する。

小銃の他に前後の荷台に個人装備を搭載した。

《 Mk.Vの小銃装備（例3） 》

クリップの位置が後部フレームとハンドルの中央に変更。

日本軍用自転車

明治時代、日本の自転車は海外からの輸入が中心であったが、順次国産品も増えていった。第一次大戦以降は、海外へ輸出するまでに自転車産業が発展する。昭和16年（1941年）12月8日に開始されたマレー作戦では、部隊の進行速度が重要視されていたが、日本陸軍の機械化は遅れており、不足するトラックを補うため、自転車部隊が臨時に編制された。

《 銀輪部隊 》

マレー作戦で日本軍の自転車部隊はその機動力を生かして、シンガポール攻略に貢献した。

《 マレー作戦時の銀輪部隊 》

マレー半島は幹線道路が整備されていたことから、徒歩の3倍のスピードで前進できたといわれる。マレー作戦の活躍から自転車部隊は、"銀輪部隊"と呼ばれるようになった。

九六式軽機関銃を積載。

機械化部隊の車両が通過困難なジャングルや小径を自転車部隊は走行する以外に担いで突破し、敵に奇襲攻撃をかけた。

《 日本陸軍の自転車 》

日本陸軍が使用した自転車は、いわゆる実用車と呼ばれる商業用として使用されていた標準的モデルだった。

《 海軍陸戦隊の自転車 》

海軍も連絡などの公務用に自転車を使用した。

《 偽装を施して前進する銀輪部隊 》

三八式歩兵銃は車体に括り付けている。

《 陸軍兵器行政本部考案の運搬車 ラキ車 》

自転車部隊や落下傘部隊用に開発された重火器運搬車。九二式重機関銃を搭載した状態。

《 甲弾薬箱2個を積載した状態 》

落下傘部隊用にラキ車は分解できる構造になっていた。

《 重機関銃分隊の自転車と重機関銃用側輪式運搬車（サイドカー） 》

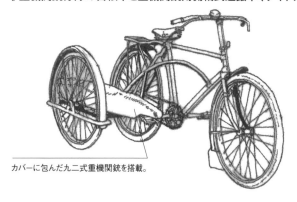

重機関銃の三脚架を積載。

カバーに包んだ九二式重機関銃を搭載。

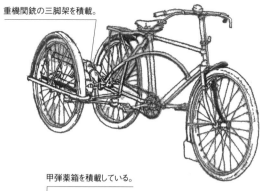

甲弾薬箱を積載している。

《 属品箱を搭載 》

属品箱用の荷台を後部に設置。

重機関銃の後梶

スコップ

分解した三脚架の前脚を携行。

前梶と十字鍬（つるはし）を搭載。

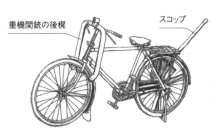

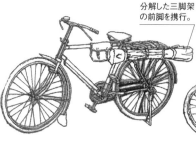

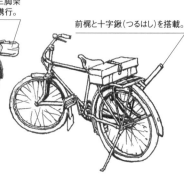

《 重機関銃用後輪式運搬車（リアカー） 》

重機関銃分隊は、分隊長1名と隊員10名で編制される。重機関銃は運搬車3台に分けて運搬し、銃架や付属品は分割して自転車に搭載した。

九二式重機関銃を三脚架ごと搭載できた。

重機関銃の弾薬を搭載した状態。

運搬車の一部は、九七式自動砲の運搬用に改造された。

自動砲の弾薬も搭載した。

アメリカ軍の自転車導入は1886年とその歴史は古い。導入に際して戦闘部隊の機動性や偵察面での運用試験が行われたが、自動車の普及により、自転車部隊が編制されることはなかった。第二次大戦では後方基地や航空基地内での移動や連絡の使用に留まっている。

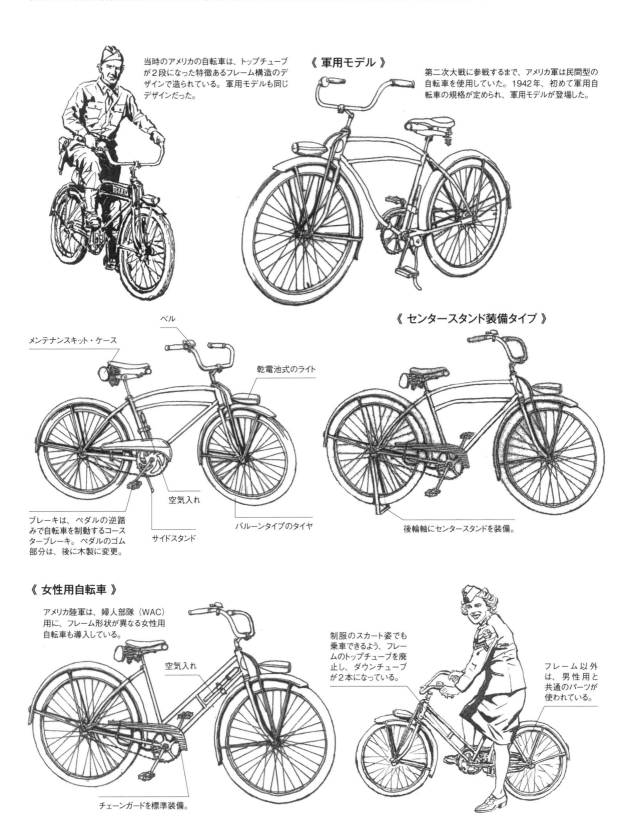

当時のアメリカの自転車は、トップチューブが2段になった特徴あるフレーム構造のデザインで造られている。軍用モデルも同じデザインだった。

《 軍用モデル 》

第二次大戦に参戦するまで、アメリカ軍は民間型の自転車を使用していた。1942年、初めて軍用自転車の規格が定められ、軍用モデルが登場した。

メンテナンスキット・ケース

ベル

乾電池式のライト

ブレーキは、ペダルの逆踏みで自転車を制動するコースターブレーキ。ペダルのゴム部分は、後に木製に変更。

サイドスタンド

空気入れ

バルーンタイプのタイヤ

《 センタースタンド装備タイプ 》

後輪軸にセンタースタンドを装備。

《 女性用自転車 》

アメリカ陸軍は、婦人部隊（WAC）用に、フレーム形状が異なる女性用自転車も導入している。

空気入れ

制服のスカート姿でも乗車できるよう、フレームのトップチューブを廃止し、ダウンチューブが2本になっている。

フレーム以外は、男性用と共通のパーツが使われている。

チェーンガードを標準装備。

《 コロンビア・パックス社製折り畳み自転車 》

ダイヤモンド型フレーム中央から折り畳み可能。チェーンカバーは省略され、ペダルも簡易型となり軽量化されている。

《 スプロケット・ホイールの
各社バリエーション 》

ウエストフィールド社 一般形　　コロンビア・パックス社

ウエストフィールド社 空挺型　　ホフマン社

《 メンテナンスキット 》

革製ケース

オイル缶

レンチ

ドライバー

ウエス

靴紐

《 ホフマン社製HF-777 》　《 ウエストフィールド社製折り畳み自転車 》

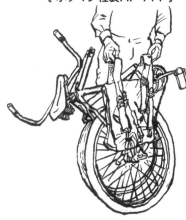

1943年、陸軍は試験的にホフマン社へ500台の折り畳み自転車を発注したが、陸軍での使用状況は不明である。自転車の携行用にM1928ハバーザックを改造したキャリアーも作られた。

1941年、海兵隊の空挺部隊が運用テストを行ったが、採用には至らなかった。ウエストフィールド社製はフレームがダウンチューブ1本だった。

《 マーケット・ガーデン作戦時に
三輪車を使用する兵士 》

《 自転車でパトロール中の兵士 》

アメリカ軍は、自転車歩兵部隊を編制しなかったため、戦闘装備姿で自転車を使用している画像資料は少ない。

ヘルメットライナーを被り、外帽と小銃はハンドルに掛けている。

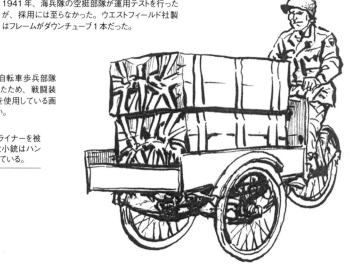

1944年9月、マーケット・ガーデン作戦においてオランダに降下後、現地で調達した三輪車を利用してA4航空輸送用コンテナを運ぶ第101空挺師団の兵士。この前方に荷台を持つ三輪車は、1930年代から民間では小荷物の輸送や配送、アイスクリームなどの移動販売に使われていた。

フランス軍は1886年に自転車を採用。第一次大戦では騎兵部隊で自転車部隊が編制され、偵察や連絡に使用された。第二次大戦時も自転車部隊は一部残されていたが、ドイツ軍の電撃戦の前では戦局に寄与することはなかった。

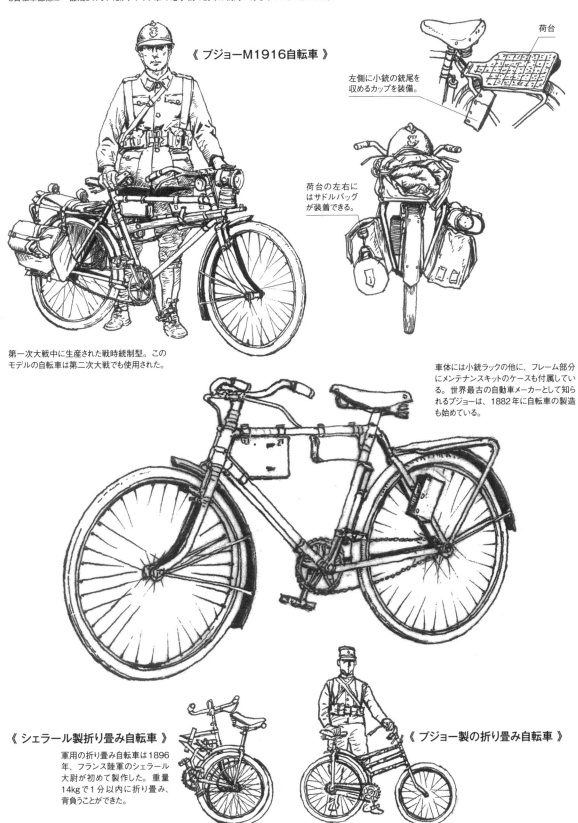

《 プジョーM1916自転車 》

荷台

左側に小銃の銃尾を
収めるカップを装備。

荷台の左右には
サドルバッグ
が装着できる。

第一次大戦中に生産された戦時統制型。この
モデルの自転車は第二次大戦でも使用された。

車体には小銃ラックの他に、フレーム部分
にメンテナンスキットのケースも付属してい
る。世界最古の自動車メーカーとして知ら
れるプジョーは、1882年に自転車の製造
も始めている。

《 シェラール製折り畳み自転車 》

軍用の折り畳み自転車は1896
年、フランス陸軍のシェラール
大尉が初めて製作した。重量
14kgで1分以内に折り畳み、
背負うことができた。

《 プジョー製の折り畳み自転車 》

イタリア軍も1886年に軍用として自転車を採用し、本格的な自転車部隊が第一次大戦時に誕生している。ベルサリエリ連隊に大隊規模の自転車部隊を編制し、機動部隊化した。戦後、同連隊は機械化されるが、第二次大戦でも自動車化部隊とともに偵察任務などで運用された。

イタリア陸軍の自転車は、折り畳み式が標準。他に空挺部隊用の分解式や民間モデルも使用されている。イタリア軍の折り畳み自転車は、1892年にポッセリ大尉が開発した。

乗車して移動の際は、ハンドル部分に雑嚢とポンチョ、後部の荷台には背嚢や毛布などの個人装備を搭載した。

《 ビアンキM25 》

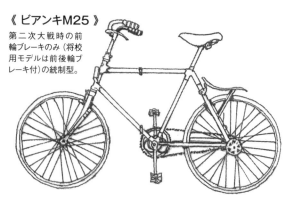

第二次大戦時の前輪ブレーキのみ（将校用モデルは前後輪ブレーキ付）の統制型。

《 D.A.R.E（陸軍機械化局）製M34 》

《 ビアンキM14/25機関銃運搬車 》

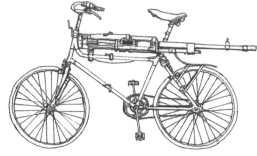

ブレダM37重機関銃を運搬するため、フレームのアッパーチューブを改造。

《 ビアンキM12 》

1911年に採用された小銃ラック付きの折り畳みモデル。

《 折り畳み自転車を背負ったベルサリエリ部隊兵士 》

イタリア北部の国境地帯は山岳部が多く、山岳地帯で活動するベルサリエリ部隊が斜面や不整地で移動する際に、折り畳み自転車は便利な装備であった。

各国の野戦用ブーツ

当時はほとんどの国が、牛革で作られたくるぶ
しまでの編上靴型か長靴型を使用していた。

ソ連軍
《 ロングブーツ 》

黒革を使用して作られた
長靴。大戦中には合成
皮革製のブーツも製作さ
れている。

フランス軍
《 M1917サービスシューズ 》

1917年の採用後、1940年のフラン
ス軍降服まで使用されていた。革製
の靴底と踵には鋲が打たれている。

アメリカ軍
《 コンバット・サービスシューズ 》

革製レギンスを一体化した戦闘用ブーツ。レギ
ンスを留めるバックルが2個付いていることから、
"ツーバックル・ブーツ" とも呼ばれる。ソールは
革にゴムを張ったコンポジットタイプ。1943年に
採用された。

イギリス軍
《 アンクルブーツ 》

第一次大戦後に採用された黒
革のブーツ。一部の将校は、
茶革製を使用していた。ソー
ルは革製で、つま先と踵を保
護するためチップとU字型金
具が付いている。

ドイツ軍
《 アンクルブーツ 》

編み上げ式のブーツ。戦前から使用さ
れており、第二次大戦が始まるまでは主
に野戦以外で履かれることが多かった。

日本軍
《 編上靴 》

茶色の牛革で作られ、革の靴底には
鋲が打たれている。戦争末期には牛
革の不足により豚革、鮫革、ソール
がゴム製などの代用品も登場する。

イタリア軍
《 アンクルブーツ 》

茶または黒革の2種類がある。つま先
にあて革が付いているのが特徴。靴
底には野戦用に鋲が打たれている。

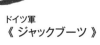

ドイツ軍
《 ジャックブーツ 》

ドイツ軍の野戦用ブーツ。第二次
大戦が始まると革を節約するため、
1943年頃からはアンクルブーツ
が多用されるようになる。

各国軍の認識票

軍人の身分を証明するため、将兵が普段から身に付けているのが認識票。戦場においては負傷や戦死した際、身元確認のために使用された。

《 アメリカ海軍/海兵隊(旧型) 》

海軍と海兵隊では、新型よりも丸みを帯びた楕円形の旧型も使用されている。

旧型認識票を付けた海兵隊員。後に錆びにくく、熱に強い新型に替えられていく。

《 プレートの記入例 》

※ 年代により内容や表記方法、刻印位置は異なる。

記号+軍籍番号

番号前の記号
AR= 正規軍
ER= 予備役将校
NG= 州兵
US= 召集兵
O= 将校

宗教
P=プロテスタント教
C=カトリック教
J=ユダヤ教
B=仏教
NP=無宗教

氏名

血液型

最終破傷風予防接種年
T(破傷風)45(接種年)

ドイツ軍

アルミ合金製の小判型。戦死した場合は、身元確認のため中央から下側を折って持ち帰る。

第一次大戦型

第二次大戦型
横5cm、縦7cm

イタリア軍

第一次大戦時は、中に紙の認識書が入ったロケット型を使用。第二次大戦時は、真ちゅう製のプレートを2枚重ねて刻印したものになった。

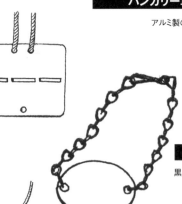

第一次大戦型

第二次大戦型

フランス軍

プレートにミシン目が入った円型。付属のチェーンを使って、腕か足に装着。

オランダ軍

角型のジンク(亜鉛)製プレート。ドイツ軍と同様に中央から折れるようになっている。

ハンガリー軍

アルミ製のロケット型。

デンマーク軍

円形のジンク製。

ベルギー軍

黒色のファイバー製。

イギリス軍

戦死した場合、黒のプレートを遺体に残し、赤のプレートを持ち帰る。カナダなどのイギリス連邦軍も同型を使用した。プレートはファイバー製。

赤色

黒色

日本軍

真ちゅう製の小判型。上下の穴に紐を通し、右肩から左脇の下にかけて下げる。プレートには部隊番号や氏名、階級などを刻印するが、内容は時代によって異なった。

拳銃用ホルスター

第二次大戦では、各国軍で新旧様々な拳銃が使用された。また、それらの拳銃に対応するホルスターも作られたが、使用素材や構造が異なるものなど、種類は非常に多い。

ドイツ軍が将兵に支給した代表的なホルスターは、制式拳銃のルガーP08とワルサーP38用である。このホルスターには複数のバリエーションがあった。他に将校の私物、旧型拳銃用、鹵獲品の流用など、拳銃に合わせて様々なホルスターが使用されている。

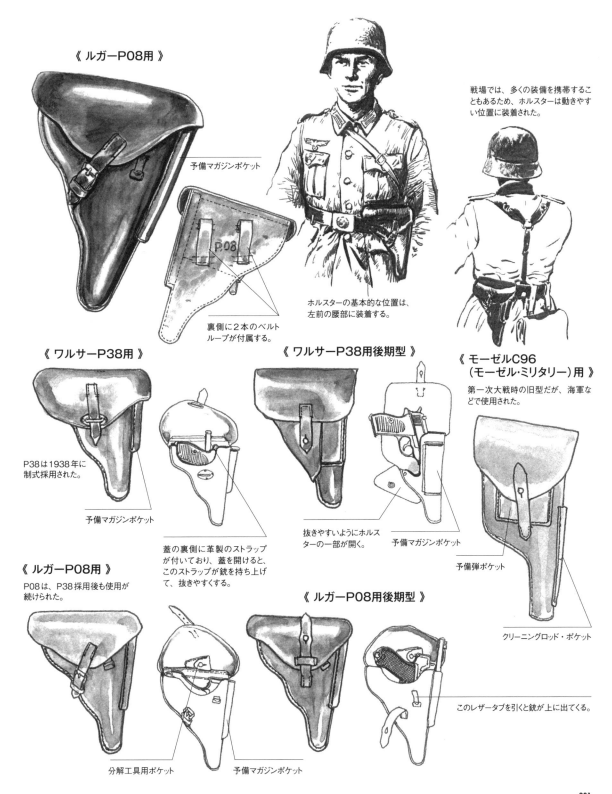

《 ルガーP08用 》

予備マガジンポケット

裏側に2本のベルトループが付属する。

戦場では、多くの装備を携帯することもあるため、ホルスターは動きやすい位置に装着された。

ホルスターの基本的な位置は、左前の腰部に装着する。

《 ワルサーP38用 》

P38は1938年に制式採用された。

予備マガジンポケット

蓋の裏側に革製のストラップが付いており、蓋を開けると、このストラップが銃を持ち上げて、抜きやすくする。

《 ワルサーP38用後期型 》

抜きやすいようにホルスターの一部が開く。

予備マガジンポケット

《 モーゼルC96（モーゼル・ミリタリー）用 》

第一次大戦時の旧型だが、海軍などで使用された。

予備弾ポケット

クリーニングロッド・ポケット

《 ルガーP08用 》

P08は、P38採用後も使用が続けられた。

分解工具用ポケット

予備マガジンポケット

《 ルガーP08用後期型 》

このレザータブを引くと銃が上に出てくる。

ザウアーH38用ホルスターを装備す
るドイツ陸軍将校。

《 ワルサーM4用 》

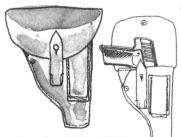

M4は、第一次大戦では将校用制式
拳銃だった。第二次大戦では、占
領地の警察官用として使用。

《 ザウアーH38用 》

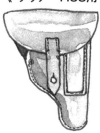

H38は、陸軍と空軍の将校が使用した。

《 モーゼルHSc用 》

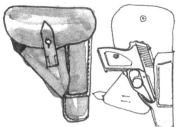

HScは、一部高級将校と空軍将校が使用。

《 ビスツオリ37M用 》

空軍はハンガリー製の37Mを航空機搭乗員
用として使用。ホルスターはキャンバス製。

《 ワルサーPP用 》

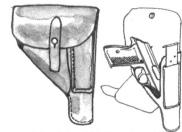

PPは、戦前は警察及び突撃隊や親衛隊の将
校が使用。戦時中は軍の将校も使用した。

《 ワルサーPPK用 》

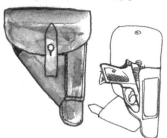

PPKは、将校及び航空機搭乗員が使用。

《 ワルサーPPKナチス党員用 》

《 ブローニングM1922用 》《 ブローニング・ハイパワー用 》

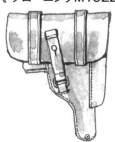

戦前に輸入したブローニング
M1922のドイツ製ホルスター。

ハイパワーは、戦時
中P640（b）としてド
イツ軍が採用した。

《 ベレッタM1934用 》

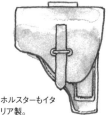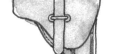

ホルスターもイタ
リア製。

《 ラドムP35（P）用 》

ラドムP35は、ポー
ランド占領後にドイ
ツ軍も使用。

《 Vz27用 》

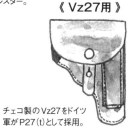

チェコ製のVz27をドイツ
軍がP27（t）として採用。

《 ステアーM1912用 》

ドイツ軍名P12（Ö）は警
察、治安部隊が使用。
カーキ色のキャンバス製。

《 ユニークMle17用 》

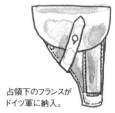

占領下のフランスが
ドイツ軍に納入。

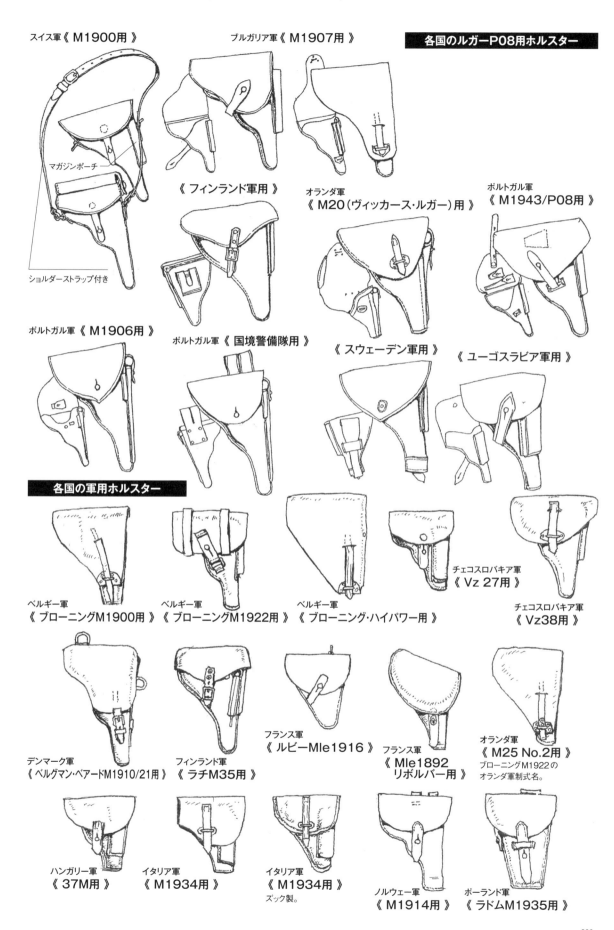

スイス軍《 M1900用 》

ブルガリア軍《 M1907用 》

各国のルガーP08用ホルスター

マガジンポーチ

ショルダーストラップ付き

《 フィンランド軍用 》

オランダ軍
《 M20（ヴィッカース・ルガー）用 》

ポルトガル軍
《 M1943/P08用 》

ポルトガル軍《 M1906用 》

ポルトガル軍《 国境警備隊用 》

《 スウェーデン軍用 》

《 ユーゴスラビア軍用 》

各国の軍用ホルスター

ベルギー軍
《 ブローニングM1900用 》

ベルギー軍
《 ブローニングM1922用 》

ベルギー軍
《 ブローニング・ハイパワー用 》

チェコスロバキア軍
《 Vz 27用 》

チェコスロバキア軍
《 Vz38用 》

デンマーク軍
《 ベルグマン・ベアードM1910/21用 》

フィンランド軍
《 ラチM35用 》

フランス軍
《 ルビーMle1916 》

フランス軍
《 Mle1892
リボルバー用 》

オランダ軍
《 M25 No.2用 》
ブローニングM1922の
オランダ軍制式名。

ハンガリー軍
《 37M用 》

イタリア軍
《 M1934用 》

イタリア軍
《 M1934用 》
ズック製。

ノルウェー軍
《 M1914用 》

ポーランド軍
《 ラドムM1935用 》

233

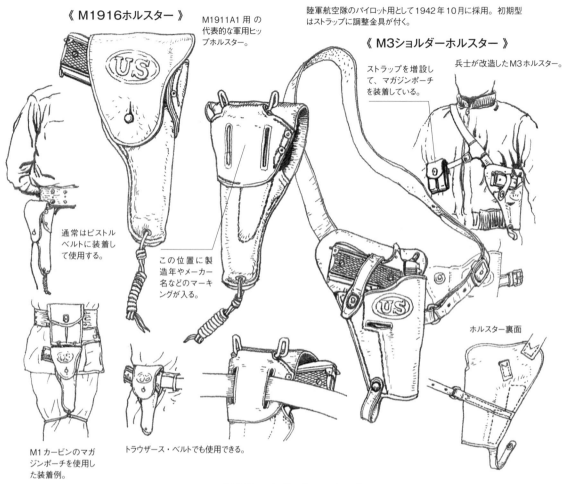

《 M1916ホルスター 》

M1911A1 用 の代表的な軍用ヒップホルスター。

陸軍航空隊のパイロット用として1942年10月に採用。初期型はストラップに調整金具が付く。

《 M3ショルダーホルスター 》

ストラップを増設して、マガジンポーチを装着している。

兵士が改造したM3ホルスター。

通常はピストルベルトに装着して使用する。

この位置に製造年やメーカー名などのマーキングが入る。

ホルスター裏面

M1カービンのマガジンポーチを使用した装着例。

トラウザース・ベルトでも使用できる。

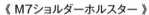

《 M7ショルダーホルスター 》

M7ショルダーホルスターは、1943年12月9日に採用。M3ショルダーホルスターを改良し、装着時にホルスターを固定するためボディストラップが増設された。

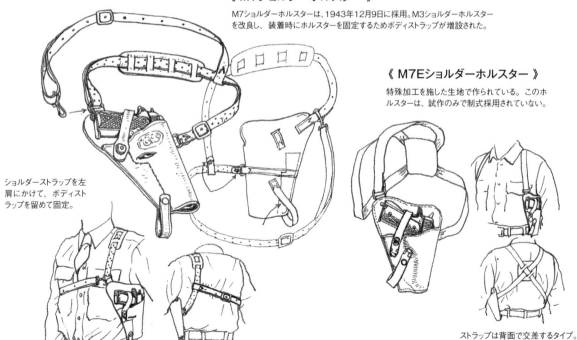

《 M7Eショルダーホルスター 》

特殊加工を施した生地で作られている。このホルスターは、試作のみで制式採用されていない。

ショルダーストラップを左肩にかけて、ボディストラップを留めて固定。

ストラップは背面で交差するタイプ。

イギリス軍のホルスター

《 ウェブリーMk.VI
リボルバー用 》

《 エンフィールド
No.2 Mk.Iリボルバー用 》

ベルトループ

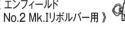
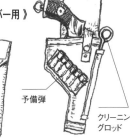

予備弾

クリーニン
グロッド

《 装甲車両搭乗員用
ホルスター 》

カナダ軍のホルスター

《 ブローニング・ハイパワー用
No.2 Mk1ホルスター 》

《 ブローニング・ハイパワー用
No.2 Mk.2ホルスター 》

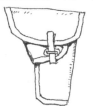

予備マガジン1本が内
部に入る。

予備マガジン1本が内
部に入る。

ソ連軍のホルスター

《 ナガンM1895
リボルバー用 》

《 ナガンM1895
リボルバー用 》

《 トカレフTT-33
（1930/33）用 》

《 トカレフTT-33用 》

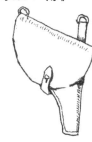

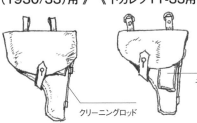

予備マガジンポーチ

クリーニングロッド

日本軍のホルスター

《 南部式甲型拳銃嚢 》

《 十四年式拳銃嚢 》

《 二十六年式拳銃嚢 》

《 南部式
小型拳銃嚢 》

《 十四年式拳銃嚢 》

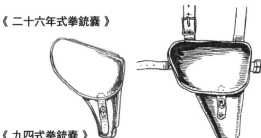
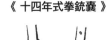
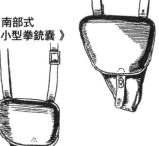

《 九四式拳銃嚢 》

《 浜田式拳銃嚢 》

圧搾ゴム引綿布製。革素材
不足により戦争後期より使用。

予備弾入れ

《 ブローニング
M1910拳銃嚢 》

《 ブローニング
M1910拳銃嚢 》

《 九四式拳銃嚢 》

製造を容易にするため一部デザイ
ンを変更。キャンバス製も作られた。

コルトM1903やモーゼル
M1910/M1914/M1934
拳銃用としても使用。

キャンバス製。

スリング

歩兵が使用する小銃、短機関銃、カービン、軽機関銃などの小火器に必要な装備がスリングである。

アメリカ軍のスリング

《 M1907小銃用スリング 》

第一次大戦前から、現在も一部の狙撃銃に使用されている小銃用のレザースリング。このスリングは、2本のストラップから構成される複雑な構造となっている。これは、スリングを利用し、腕を固定して行う依託射撃を考慮したためである。

キーパー
フロッグ
キーパー
アッパー・ループ
（長さ1220mm）
ロー・ループ
（長さ620mm）

《 M1小銃用スリング 》

オリーブドラブ色のコットン製スリング。革製よりも単純な構造になって、装着も楽になった。

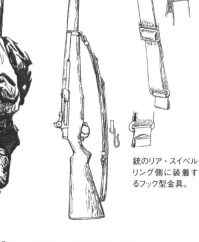

フロント側の調整用バックル。

リア側も金具で調整可能。

《 M1カービン用スリング 》

フロント部分はドットファスナーでスリング・スイベルに固定する。

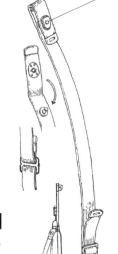

銃のリア・スイベルリング側に装着するフック型金具。

長さ調節金具

幅はM1スリングより狭く約2.5cm。カーキまたはオリーブドラブ色のコットン製。カービン以外にM3短機関銃にも使用できる。

フランス軍のスリング

《 Mle1907/15や Mle1936小銃用スリング 》

革製のスリング。

イギリス軍のスリング

《 ステン短機関銃用スリング 》

銃本体と同様に単純な構造のカーキコットン製スリング。

フック型のフロント金具。フックは可動式。

調整金具

《 イギリス軍小銃用スリング 》

コットン製スリング。基本色のカーキに海軍用の黒、儀仗用の白など色のバリエーションがある。

スリングの両端には、C型の金具が付く単純な構造。

スリングの取り付けはリング側がリア、フック側をフロントに装着。なお、銃の形式により取り付ける位置は異なる。

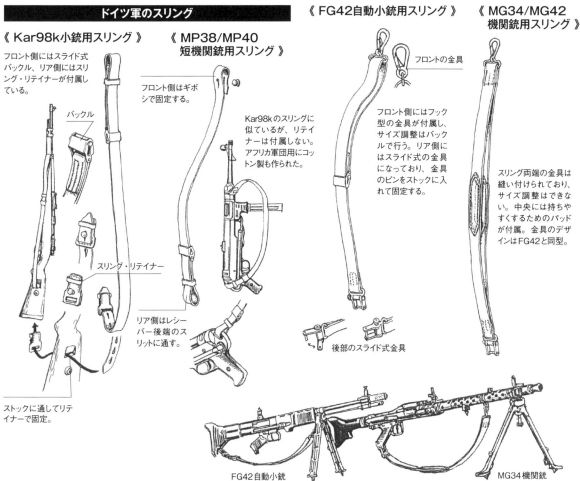

ドイツ軍のスリング

《 Kar98k小銃用スリング 》

フロント側にはスライド式バックル、リア側にはスリング・リテイナーが付属している。

バックル

スリング・リテイナー

ストックに通してリテイナーで固定。

《 MP38/MP40 短機関銃用スリング 》

フロント側はギボシで固定する。

Kar98kのスリングに似ているが、リテイナーは付属しない。アフリカ軍団用にコットン製も作られた。

リア側はレシーバー後端のスリットに通す。

《 FG42自動小銃用スリング 》

フロントの金具

フロント側にはフック型の金具が付属し、サイズ調整はバックルで行う。リア側にはスライド式の金具になっており、金具のピンをストックに入れて固定する。

後部のスライド式金具

《 MG34/MG42 機関銃用スリング 》

スリング両端の金具は縫い付けられており、サイズ調整はできない。中央には持ちやすくするためのパッドが付属。金具のデザインはFG42と同型。

FG42自動小銃

MG34機関銃

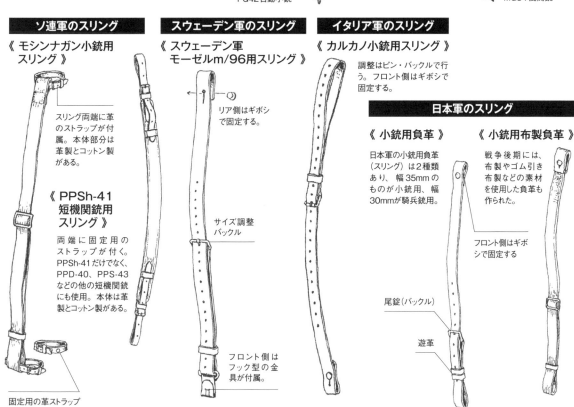

ソ連軍のスリング

《 モシンナガン小銃用スリング 》

スリング両端に革のストラップが付属。本体部分は革製とコットン製がある。

《 PPSh-41 短機関銃用スリング 》

両端に固定用のストラップが付く。PPSh-41だけでなく、PPD-40、PPS-43などの他の短機関銃にも使用。本体は革製とコットン製がある。

固定用の革ストラップ

スウェーデン軍のスリング

《 スウェーデン軍 モーゼルm/96用スリング 》

リア側はギボシで固定する。

サイズ調整バックル

フロント側はフック型の金具が付属。

イタリア軍のスリング

《 カルカノ小銃用スリング 》

調整はピン・バックルで行う。フロント側はギボシで固定する。

日本軍のスリング

《 小銃用負革 》

日本軍の小銃用負革（スリング）は2種類あり、幅35mmのものが小銃用、幅30mmが騎兵銃用。

尾錠（バックル）

遊革

《 小銃用布製負革 》

戦争後期には、布製やゴム引き布製などの素材を使用した負革も作られた。

フロント側はギボシで固定する

パラシュート

空挺部隊を最初に編制したのはソ連軍であり、実戦における初の空挺作戦を実施したのはドイツ軍だった。空挺作戦を可能にしたのが、兵員用パラシュートである。各国とも航空機搭乗員用パラシュートの改良から始まり、空挺部隊用のパラシュートを開発していった。

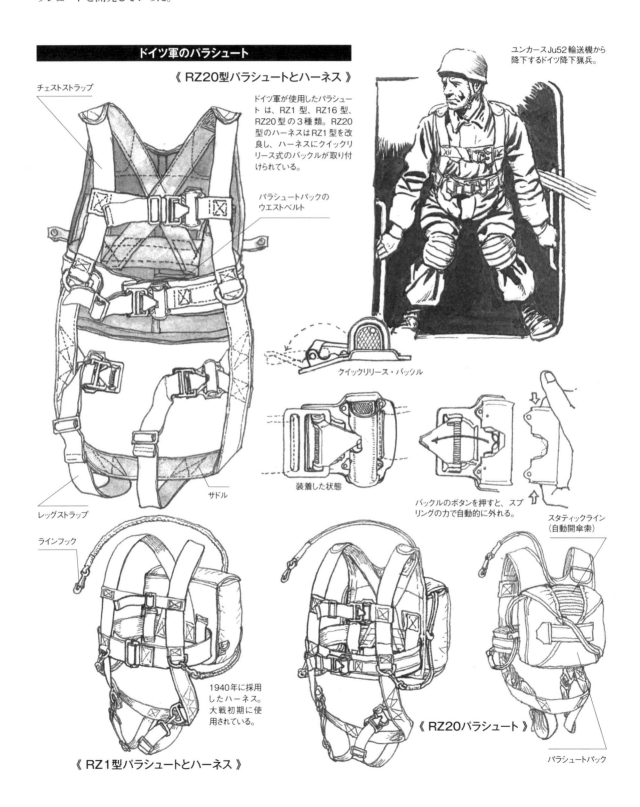

ドイツ軍のパラシュート

《 RZ20型パラシュートとハーネス 》

チェストストラップ

パラシュートパックのウエストベルト

ドイツ軍が使用したパラシュートは、RZ1型、RZ16型、RZ20型の3種類。RZ20型のハーネスはRZ1型を改良し、ハーネスにクイックリリース式のバックルが取り付けられている。

ユンカースJu52輸送機から降下するドイツ降下猟兵。

サドル

レッグストラップ

クイックリリース・バックル

装着した状態

バックルのボタンを押すと、スプリングの力で自動的に外れる。

ラインフック

1940年に採用したハーネス。大戦初期に使用されている。

《 RZ1型パラシュートとハーネス 》

スタティックライン（自動開傘索）

《 RZ20パラシュート 》

パラシュートパック

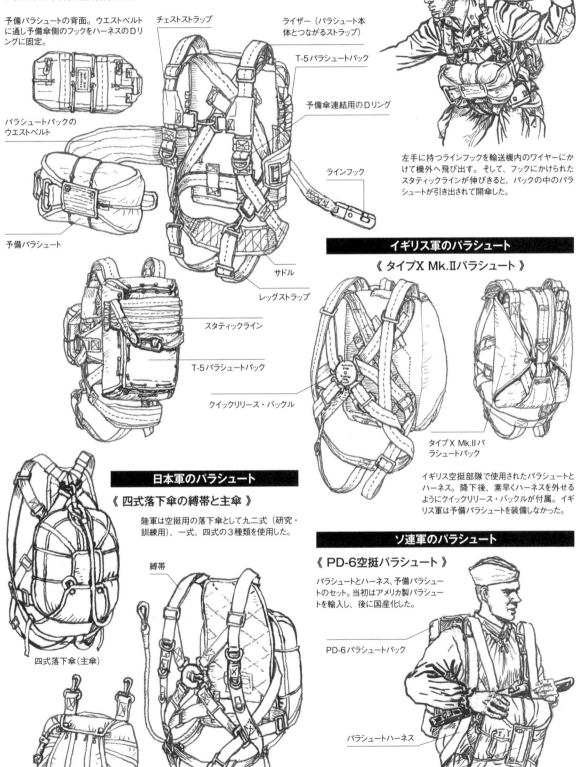

アメリカ軍のパラシュート

《 T-5パラシュートとハーネス 》

空挺部隊の降下用に開発されたトループタイプ・パラシュート（兵員用パラシュート）。
T-5は1940年9月に制式採用された。

予備パラシュートの背面。ウエストベルトに通し予備傘側のフックをハーネスのDリングに固定。

チェストストラップ

ライザー（パラシュート本体とつながるストラップ）

T-5パラシュートパック

予備傘連結用のDリング

パラシュートパックのウエストベルト

ラインフック

予備パラシュート

サドル

レッグストラップ

スタティックライン

T-5パラシュートパック

クイックリリース・バックル

ラインフック

左手に持つラインフックを輸送機内のワイヤーにかけて機外へ飛び出す。そして、フックにかけられたスタティックラインが伸びきると、パックの中のパラシュートが引き出されて開傘した。

イギリス軍のパラシュート

《 タイプX Mk.IIパラシュート 》

タイプX Mk.IIパラシュートパック

イギリス空挺部隊で使用されたパラシュートとハーネス。降下後、素早くハーネスを外せるようにクイックリリース・バックルが付属。イギリス軍は予備パラシュートを装備しなかった。

日本軍のパラシュート

《 四式落下傘の縛帯と主傘 》

陸軍は空挺用の落下傘として九二式（研究・訓練用）、一式、四式の3種類を使用した。

縛帯

四式落下傘（主傘）

一式予備傘

ソ連軍のパラシュート

《 PD-6空挺パラシュート 》

パラシュートとハーネス、予備パラシュートのセット。当初はアメリカ製パラシュートを輸入し、後に国産化した。

PD-6パラシュートパック

パラシュートハーネス

予備パラシュート

【図解】第二次大戦 各国軍装

■作画 上田 信
■解説 沼田和人

編集　　　塩飽昌嗣
デザイン　今西スグル
　　　　　矢内大樹
　　　　　〔株式会社リパブリック〕

2017 年 12 月 7 日　初版発行
2024 年 10 月 11 日　第 4 刷発行
発行者　　　青柳昌行
発行所　　　株式会社 新紀元社
〒 101-0054 東京都千代田区神田錦町 1-7
錦町一丁目ビル 2F
Tel 03-3219-0921　FAX 03-3219-0922
smf@shinkigensha.co.jp
http://www.shinkigensha.co.jp/
郵便振替　00110-4-27618
印刷・製本　中央精版印刷株式会社

ISBN978-4-7753-1551-4
定価はカバーに表記してあります。
©2017　SHINKIGENSHA Co Ltd　Printed in Japan
本誌掲載の記事・写真の無断転載を禁じます。

Shin.ueda